Sahil Lavingia

MINIMALISTISCH GRÜNDEN

Sahil Lavingia

MINIMALISTISCH GRÜNDEN

WIE UNTERNEHMER HEUTE MIT WENIGER MEHR ERREICHEN

Übersetzung aus dem Englischen von Sigrid Schmid

REDLINE | VERLAG

Bibliografische Information der Deutschen Nationalbibliothek
Die Deutsche Nationalbibliothek verzeichnet diese Publikation in der Deutschen Nationalbibliografie. Detaillierte bibliografische Daten sind im Internet über http://dnb.d-nb.de abrufbar.

Für Fragen und Anregungen:
info@redline-verlag.de

Übersetzung: Sigrid Schmid
Redaktion: Christiane Otto
Umschlaggestaltung: Karina Braun
Umschlagabbildung: Sudowoodo/ Shutterstock
Satz: Satzwerk Huber, Germering
Druck: GGP Media GmbH, Pößneck
Printed in Germany

ISBN Print 978-3-86881-899-4
ISBN E-Book (PDF) 978-3-96267-445-8
ISBN E-Book (EPUB, Mobi) 978-3-96267-446-5

Wir produzieren nachhaltig
www.m-vg.de

Weitere Informationen zum Verlag finden Sie unter

www.redline-verlag.de

Beachten Sie auch unsere weiteren Verlage unter www.m-vg.de

INHALT

EINLEITUNG

Am Anfang meiner Karriere jagte ich Einhörner. Ich war der zweite Angestellte bei Pinterest, aber im Jahr 2011 verließ ich das Unternehmen, obwohl ich dadurch meine Anteile verlor, um mein eigenes Milliardenunternehmen aufzubauen.

Sahil @shl · Apr 2, 2011

Just had an idea for my first billion-dollar company. Tomorrow, I start building it.

30 99 668

Hatte gerade eine Idee für mein erstes Milliardenunternehmen. Fange morgen an, es aufzubauen.[1]

Ich hatte ein Wochenende lang am Prototyp für Gumroad gearbeitet, einem Tool, mit dem Kreative ihre Produkte online vermarkten können. Unkompliziertes Einrichten. Unkomplizierte Shop-Oberfläche. Nur ein Link, über den die Kunden zahlen können, und schon ist man im Geschäft. Am ersten Tag hatte die Seite mehr als 50.000 Besucher, und ich war sicher, dass ich an der Schwelle zu etwas Großem stand.

Der erste Schritt: Risikokapital auftreiben. Ich war 19 Jahre alt, ein Solo-Gründer, und so lief ich mir auf der berühmten Sand Hill Road die Hacken ab, schwitzte meine Jeans durch und führte Gespräche in denselben Räumen, in denen auch über die Finanzierung von Netflix, Apple, Amazon, Facebook und Google entschieden worden war. Am Ende bekam ich mehr als 8 Millionen US-Dollar von bekannten Investoren im Silicon Valley, unter ihnen Accel Partners (frühe Investoren bei Facebook), Kleiner Perkins (frühe Investoren bei Google, Amazon und Apple), Max Levchin (Mitgründer von PayPal), Naval Ravikant (Mitgründer von AngelList) und Chris Sacca (früher Investor bei Twitter, Square und Uber). Auch sie glaubten in der Ferne ein Einhorn galoppieren zu sehen.

Die Jagd war eröffnet. In kurzer Zeit stellte ich ein Weltklasse-Team zusammen – ich rekrutierte Leute aus anderen Unternehmen wie Stripe, Yelp und Amazon –, und gemeinsam machten wir uns an die Arbeit für ein Weltklasse-Produkt. Ich war zuversichtlich, dass ich bald über die jährliche Sun-Valley-Konferenz von Allen & Company schlendern und gemeinsam mit Bill Gates und Warren Buffett den Kampf gegen Malaria planen würde. Ich sagte mir selbst, dass es mir nie um Geld ginge. Ich wollte etwas bewegen, aber ohne Aufsehen zu erregen. Wenn ich einmal ein Tech-Riese geworden wäre, würde ich einer von der Sorte sein, den die Zeitschriften als »bodenständig« beschrieben.

In dem Sommer schaffte ich es nicht ins Sun Valley. Auch den Sommer danach nicht. Und Bill Gates sah ich nur einen Vortrag beim CEO-Gipfel von Kleiner Perkins halten. Der geplante Höhenflug von Gumroad geriet zum Gleitflug, nachdem wir etwa 20 Millionen Dollar Risikokapital verbrannt hatten. Neun Monate lang versuchten wir, mehr Geld aufzutreiben, mussten dann jedoch einsehen, dass wir versagt hatten. Im Oktober 2015 entließ ich drei Viertel der Mitarbeiter – darunter viele gute Freunde.

Nach dem ersten Schock musste ich die Lage neu bewerten. Gumroad war immer noch online, aber es fühlte sich an wie ein riesiger Fehlschlag. Viele in meinem Bekanntenkreis arbeiteten immer noch daran, Geld zu beschaffen, Leute einzustellen und an ihrem eigenen Milliarden-Dollar-Unternehmen zu basteln – manche von ihnen erfolgreich –, aber ich hielt es im Silicon Valley nicht mehr aus. Ich behielt meine Wohnung in San Francisco, verbrachte aber den Großteil des Jahres 2016 auf Reisen und schrieb Geschichten. Ich war überzeugt, dass ich mir immer noch ein Leben als digitaler Nomade aufbauen konnte, selbst wenn ich es im Startup-Land nicht schaffte. Zwar ließ ich mich von Tim Feriss' *Die 4-Stunden-Woche* inspirieren, aber ich merkte schnell, dass ich nicht der Typ dafür war, Gumroad als Lifestyle-Unternehmer zu führen. Ich überlegte noch, wie meine nächsten Schritte aussehen konnten, als ich eine Twitter-Nachricht von Brandon Sanderson, einem meiner Lieblingsautoren, über einen Science-Fiction- und Fantasy-Schreibkurs las, den er in Provo, Utah, anbot. Im Januar 2017 nutzte ich die Chance, gleichzeitig Miete zu sparen und mein Gesicht zu wahren, und zog an einen Ort, wo mich keiner kannte. Dort würde ich schon herausfinden, wie ich mich neu aufstellen und Gumroad über Wasser halten konnte.

Mir war klar, dass die Dinge in Provo anders laufen würden, aber der Kontrast überraschte mich dennoch. In San Francisco bedeutete Erfolg, dass man eine Menge Geld verdiente (was in San Francisco tatsächlich eine Menge Geld bedeutet). In Utah war man erfolgreich, wenn man verheiratet und in der Kirchengemeinde aktiv war. Meine neuen Freunde in Provo meinten, mein Plan, ein Milliarden-Dollar-Unternehmen aufzubauen, sei von vornherein verrückt gewesen. Warum war Gumroad nicht gut genug, so wie es war? Immerhin hatte ich ein tragfähiges Geschäft aufgebaut, das eine Kundengruppe bediente, die ich liebte. Was konnte ich mehr wollen?

Am Anfang verstand ich nicht, was sie meinten, aber nachdem ich ein paar Jahre in Provo gelebt hatte, fernab vom Epizentrum des Risikokapitals, sah ich es genauso wie sie. Das Einhorn, das ich gejagt hatte, entpuppte sich zwar eher als Shetlandpony, aber meine ursprüngliche Vision war Wirklichkeit geworden. Tausende Kreative nutzten Gumroad, um ihre eigenen Unternehmen aufzubauen. Echte Menschen bezahlten in der echten Welt ihre Hypotheken ab, stockten den Ausbildungsfonds ihrer Kinder auf oder hatten einfach Geld für ein paar Caffè Latte extra, weil sie online Kurse, E-Books und Software verkauften.

Mit der Zeit erkannte ich, dass gar nicht Gumroad das Problem war, sondern ich. Ich war immer noch so sehr auf dieses unerreichbare Einhorn fixiert, dass ich das florierende Unternehmen vor meiner Nase nicht sah. Gumroad war profitabel, hatte die richtige Größe für seinen Markt und ermöglichte jeden Tag immer mehr Autoren, Programmierern, Kunsthandwerkern und anderen schöpferisch tätigen Menschen, ihre Träume zu verwirklichen. Vielleicht war Gumroad für ein paar wenige Risikokapitalgeber eine schlechte Investition, aber für seine Kunden war es immer noch ein großartiges Unternehmen.

In dem Jahr nach den Entlassungen, als ich allein arbeitete, überwies Gumroad immer noch fast 40 Millionen US-Dollar an seine kreativen Kunden, ganz ohne Content-Marketing oder bezahlte Werbeanzeigen, einfach per Mundpropaganda. Nachdem ich mich im Jahr 2019 dazu entschlossen hatte, das Geschäft wieder auszubauen, lehnte ich weiterhin Dinge ab, die ich früher akzeptiert hätte, und konzentrierte mich allein darauf, einen Mehrwert für unsere Kunden zu schaffen. (Was hieß, ein besseres Produkt zu liefern.) Es funktionierte: Im Jahr 2020 überwies Gumroad mehr als 140 Millionen US-Dollar an unsere Kunden, 87 Prozent mehr als im Vorjahr, und blieb dabei immer noch profitabel.

Unternehmen wie meines zieren vielleicht nicht die Titelseiten von Hochglanzmagazinen oder inspirieren zu Hollywoodfilmen, aber sie treiben einen echten, positiven Wandel voran und stärken Gründer, Kunden und Mitarbeiter gleichermaßen. Heute weiß ich das, aber ich brauchte Jahre, um meinen Selbstwert von meinem Nettowert abzukoppeln und zu erkennen, dass ich nicht versagt hatte. Ich war erfolgreich gewesen.

Im Februar 2019 schrieb ich in dem Artikel »Reflecting on My Failure to Build a Billion-Dollar Company« (etwa: »Wie ich dabei versagte, ein Milliarden-Dollar-Unternehmen aufzubauen«) für Medium über meine Erfahrung, und er schien viele Menschen anzusprechen. Seither kam ich mit vielen Unternehmern und angehenden Unternehmern in Kontakt, die, tief in ihrem Inneren, viel lieber ein tragfähiges Geschäft wie Gumroad aufbauen würden als einem Einhorn hinterherzujagen. Sie hielten es nur für seltsam und uncool, diesem Wunsch Ausdruck zu verleihen, da unsere Medien und unsere »Größer ist besser«-Kultur ihnen immer wieder einreden, ein Einhorn sei die einzige Art von Unternehmen, die es anzustreben lohne.

Für manche Unternehmen mag das der richtige Weg sein, aber für viele andere ist er es nicht. Dennoch beschaffen sich viele Start-ups in der Anfangsphase Risikokapital, weil sie es eben nicht schaffen, ihr Unternehmen nachhaltig durch Gewinne zu finanzieren. Das Ergebnis: Sie suchen zwanghaft nach den großen Winner-takes-all-Märkten, auf denen Wachstum wichtiger ist als Umsatz, Gewinn oder Nachhaltigkeit.

Um diese Gegensätze miteinander zu vereinen, stellte ich mir immer wieder bestimmte Fragen: Was möchte ich wirklich verändern? Wenn ich in meiner Ecke der Welt eine Sache besser machen könnte, was wäre das? Welche Art von Unternehmen möchte ich wirklich aufbauen, besitzen und leiten?

Andere Gründer und zukünftige Gründer haben sich ähnliche Fragen gestellt und sind zu ähnlichen Erkenntnissen gelangt. Viele ihrer Geschichten werden in diesem Buch erzählt. Ich nenne diese Menschen »minimalistische Unternehmer« und ihre Firmen »minimalistische Unternehmen«.

Ein minimalistisches Unternehmen aufzubauen, bedeutet nicht, dass man sich mit dem zweitbesten zufriedengibt. Es geht darum, ein nachhaltiges Unternehmen zu erschaffen, das flexibel genug ist, um Risiken einzugehen, dem Gemeinwohl zu dienen und gleichzeitig andere zu befähigen, dasselbe zu tun. Wenn man profitabel arbeitet, vorzugsweise von Anfang an, dann kann man im Blick behalten, warum man die Firma überhaupt gegründet hat: um anderen zu helfen.

In der Vergangenheit haben Unternehmen den technischen und gesellschaftlichen Fortschritt entscheidend vorangetrieben. Das ist in der heutigen Zeit, in der große Unternehmen gesetzlich dazu verpflichtet sind, dem Shareholder-Value Vorrang vor dem eigentlichen Firmenwert zu geben, umso nötiger. Bei der Recherche zu diesem Buch habe ich zahllose Beispiele für Unternehmen gefunden, wie Basecamp, Wistia, die Missouri Star Quilt Company und viele andere grundehrliche und gut skalierbare Betriebe, die darauf ausgerichtet sind, bedeutende Probleme mit schönen Produkten, Dienstleistungen und Software zu lösen, die den Menschen gefallen – und das mit Gewinn. Jedes Unternehmen hat dabei eine ganz eigene Herangehensweise, je nachdem, für welche Gemeinschaft es etwas aufbaut, aber sie alle konzentrieren sich darauf, Probleme zu lösen, und nehmen sich selbst nicht zu ernst. Trotz aller Unterschiede können wir von ihnen allen lernen.

Leider hat das Wort »Unternehmer« einen seltsamen Beigeschmack. Als Schüler ging ich einmal zu einer »Karrierebörse«, und ich erinnere mich, dass ich mich mit den »Unternehmern« dort überhaupt nicht identifizieren konnte. Für mich sahen sie alle wie Geschäftsleute aus, und mich interessierte Wirtschaft gar nicht. Ich erschuf gerne Dinge! Irgendwann erkannte ich dann, dass ein Unternehmen kein reiner Selbstzweck ist. Ein Unternehmen ist ein Werkzeug, mit dem sich etwas erschaffen oder bewirken lässt, eine Rechtsstruktur; nichts mehr als das. Am Anfang brauchte ich kein Unternehmen, aber ab einem gewissen Punkt brauchten meine Kreationen eine Rechtsstruktur, ein Team und einen Betrieb, um die Dinge herzustellen, die ich herstellen wollte. Daher gründete ich ein Unternehmen.

Als ich mich vom Einhornjäger zum minimalistischen Unternehmer wandelte, musste ich mich an eine neue Normalität gewöhnen. In diesem Buch möchte ich die Mythen darüber dekonstruieren, wie man am besten ein wirkungsvolles Unternehmen aufbaut, um dieses abstrakte, einzigartige Etwas namens »Welt« zu verändern, und mich auf die Suche nach der Wahrheit darüber begeben, wie man bessere Unternehmen aufbauen kann, die uns und unsere Gemeinschaften wohlhabender, gesünder und glücklicher machen.

Am Ende war mein Fehlschlag mit Gumroad das Beste, was mir je passiert ist, weil es mich die sehr realen Konsequenzen von »Wachstum um jeden Preis« gelehrt hat. Leider hat es acht Jahre gedauert und viel Schmerz erfordert, bis ich das erkannt habe. Meine Hoffnung ist, dass dieses Buch anderen aufstrebenden Unternehmen helfen wird, diese Lektionen ohne die schmerzvollen Entlassungen und den jahrelangen Gewissenskampf zu lernen. Die überwältigenden Reaktionen auf den viralen Artikel, den ich über meine Erfahrungen verfasst habe, ist Beweis genug, dass diese Hoffnung viele anspricht.

Dieses Buch, teils Manifest, teils Handbuch, will dir dabei helfen, dein eigenes Unternehmen in der richtigen Größe zu entwerfen, aufzubauen und zu entwickeln. Lies es immer wieder, vor allem dann, wenn du das Gefühl hast, festzustecken. Aber du musst dieses Buch *keineswegs vollständig durchlesen*, bevor du *anfangen* kannst. Fang so schnell wie möglich an. Fang an, bevor du dich dafür bereit fühlst. Fang heute an.

Du musst nicht erst lernen, bevor du anfängst. Du fängst an und lernst dann.

Und jetzt, an die Arbeit!

1

DER MINIMALISTISCHE UNTERNEHMER

Denn aller Dinge Anfang ist klein.

– CICERO[2]

Der Webentwickler Peter Askew aus Atlanta holt im Supermarkt gern Dinge ganz oben aus den Regalen für Menschen, die nicht ganz so hoch greifen können wie er. Der 2,03 Meter große ehemalige Basketballstar aus dem Schulteam stützt seine Geschäftsstrategie darauf, hilfsbereit zu sein, aber das war nicht immer so. Als die Dotcom-Blase im Jahr 2001 platzte und er von eTour, einem Web-Surfing-Guide, den er mit auf- und ausgebaut hatte, entlassen wurde, musste er sich fragen: »Will ich so leben? Kann ich so nützlich für die Welt sein?«

Dank seines Hintergrunds in Marktanalytik war er sich sicher, dass er einen anderen Job finden würde, aber er war auch desillusioniert. Geld und Prestige waren ihm nicht annähernd so wichtig wie Unabhängigkeit und Freiheit. Tatsächlich fand er eine neue Stelle in der Werbebranche, wo er bei den Tausenden neuen Web-Firmen, die online gingen, mit vielen verschiedenen Unternehmensmodellen zu tun hatte. Aber abends und an den Wochenenden stürzte er sich in seine Nebenprojekte, bildete sich über Webentwicklung weiter, über Domainnamen und darüber, wie man mit dem Datenverkehr im Web Geld verdienen konnte.

So kam er auf die Idee, die sein Leben verändern sollte. Was wäre, wenn er keine neuen Domainnamen kaufte, die man im Ranking der Suchmaschinen erst in monatelanger Arbeit hochbringen musste, sondern abgelaufene Domains erwarb, die bereits eine gewisse Sichtbarkeit mitbrachten? Andere parkten Werbeanzeigen auf abgelaufenen Domains oder verkauften sie einfach weiter, aber Askew hatte etwas anderes vor. Ein Gedanke reifte in ihm heran, befeuert durch die Fragen, die er sich über seine Arbeit stellte. Er wollte nicht einfach schnelles Geld verdienen, sondern echte Unternehmen um die Domainnamen herum aufbauen, wobei er sich jedes Mal die Frage stellte: »Fühle ich mich inspiriert? Steckt da drin eine echte Geschäftschance?« Vor allem aber: »Kann ich damit helfen?«

Er experimentierte mit zufälligen Namen und Unternehmen, was aber nicht recht funktionierte, bevor ihm klar wurde, dass »der Domainname immer zuerst kommt und dann erst die Geschäftsidee«.[3] Im Jahr 2009 kaufte er den Domainnamen duderanch.com.[4] Er legte dort ein Verzeichnis an und besuchte mehr als 50 passende Ranches, um die Besitzer der Orte kennenzulernen, die er auf seiner Website präsentierte. Dann schloss er sich mit dem Eigentümer von guestranches.com zusammen, und die beiden stellten eine kuratierte Liste mit Ranches im ganzen Land zusammen. Der Erfolg dieser Unternehmung, die zehn Jahre lang funktionierte und die Askew 2019 verkaufte, verschaffte ihm die Zeit und die finanzielle Freiheit, um mehr Domainnamen zu kaufen und andere Nischenunternehmen aufzubauen. Manche waren erfolgreich, andere nicht.

Im Jahr 2014 sah Askew, dass VidaliaOnions.com zur Auktion stand.[5] Bisher hatte er sich auf datenbasierte Geschäfte konzentriert, aber irgendetwas an diesem Domainnamen sprach ihn an. Außerdem mochte er Zwiebeln. Er war in Georgia geboren und kannte daher Vidalias – eine süße, milde Zwiebelsorte, die manche Liebhaber roh verspeisen wie Äpfel. Nur leider hatte er keine Ahnung vom Zwiebelgeschäft. Oder von Landwirtschaft allgemein.

Trotzdem gab er ein Gebot über 2200 US-Dollar ab, ging aber davon aus, dass ein Branchenkenner mehr bieten würde. (Wenn das Bieten auf interessante Domainnamen nach einem netten Hobby für dich klingt, bist du vielleicht schon ein minimalistischer Unternehmer.) Er war angenehm überrascht, als er fünf Minuten später die Aktion tatsächlich gewann, legte die Idee aber erst einmal beiseite und arbeitete an anderen Projekten weiter.

Doch die Vidalias gingen ihm noch tagelang nicht aus dem Kopf. »[Die Domain] ließ mich nicht los«, schrieb er in seinem Artikel »I Sell Onions on the Internet«, und »nach einem Monat verstand ich langsam, was sie mir sagen wollte. Ich kaufe jedes Jahr Birnen bei Harry & David, und ich sollte einen ähnlichen Service für Vidalia-Zwiebeln anbieten. Statt Birnen würde ich Zwiebeln direkt vom Erzeuger an Kunden liefern.«[6] Askew erkannte darin eine Möglichkeit, anderen zu helfen, und eine neue minimalistische Geschäftsidee war geboren.

Askew selbst aß keine Vidalias, aber er wusste, dass viele es taten, aus eigener Erfahrung und auch durch das hohe Ranking der Suchanfrage bei Google Trends. Dennoch hatte er Zweifel und machte sich Sorgen: »Ich bin kein Landwirt. Und ich habe keine Logistik und kein Vertriebssystem.«[7]

Er ging die Sache trotzdem an. In einem ersten Schritt kontaktierte er eine Handelsgruppe, die ihn wiederum in Kontakt mit Aries Haygood brachte, dem Eigentümer einer preisgekrönten Vidalia-Farm, die seit 20 Jahren im Geschäft war und vor allem im Schuppen eine eigene Packstation hatte. Er ließ eine neue Website unter VidaliaOnions.com erstellen, und »während sich die Farm auf die Zwiebeln konzentrierte, kümmerte ich mich um Kundenservice, Marketing, Branding, Webentwicklung und Logistik«. Er erinnerte sich: »Ich hatte noch andere Projekte, die kundenorientiert waren. Und ich stellte fest, dass mir das riesigen Spaß machte.«

Askew und Haygood rechneten mit 50 Bestellungen in der ersten Saison. Sie bekamen mehr als 600.[8]

An diesem Punkt im Lebenszyklus eines risikokapitalfinanzierten Unternehmens würden die Investoren übermütig werden. »600 Bestellungen, wo wir nur mit 50 gerechnet haben?«, würden sie ausrufen. »Dann sollten wir jetzt fünfmal so viele Leute einstellen. Und wie sieht eigentlich der internationale Markt für Vidalia-Zwiebeln aus? Wir stecken ein paar Millionen in Werbeanzeigen, ein virales Video, und schon werden Vidalias zum weltweiten Trend. Wir werden dann wohl Leute vor Ort in London, Tokio und Sydney brauchen. Zeit für eine neue Finanzierungsrunde.« Und so weiter. Das ist wie bei einem kleinen Kind, das zum ersten Mal einen Luftballon aufbläst, bis …

Auch Askew überlegte, wie er das Wachstum des Unternehmens beschleunigen könnte, aber er hielt sich an das, was er mit den Jahren gelernt hatte, und konzentrierte sich stattdessen auf die Profitabilität. Er wusste, dass die früheren Besitzer von VidaliaOnions.com bankrottgegangen waren, weil sie versucht hatten, neben den Zwiebeln selbst auch Salatdressings und Würzsoßen zu verkaufen. Askew baute hingegen das Kerngeschäft auf und fand heraus, wie er Vidalia-Zwiebeln an die potenziellen Kunden verkaufen konnte, an die sie termingerecht und zu vertretbaren Versandkosten von dem einen Packschuppen aus geliefert werden konnten.

Natürlich machte er Fehler. Einmal verlor er Tausende Dollar durch fehlerhafte Versandkisten, ein Irrtum, der das Geschäft fast zerstört hätte. Aber er nahm auch jedes Jahr kleine Verbesserungen an den Abläufen vor, so führte er zum Beispiel ein automatisiertes Versandsystem ein, sodass die Kundenbestellungen nicht mehr manuell eingegeben und die Versandetiketten nicht mehr einzeln ausgedruckt werden mussten. Schon nach wenigen Jahren schrieb das Unternehmen schwarze Zahlen, wuchs organisch in seinem eigenen Tempo, und Askew hatte Spaß.[9]

Nach sechs Jahren ist aus Askews kleinem Projekt ein richtiges Unternehmen geworden, dass seine vielen Kunden glücklich macht und positive Auswirkungen für die Menschen vor Ort hat. Für ihn ist es nun mehr als nur ein weiteres Experiment wie alle seine anderen abgelaufenen Domainnamen. VidaliaOnions.com wird zunehmend zu seiner Mission:

> Meine Kunden wären wirklich bestürzt, wenn wir aufhören würden. In der letzten Saison rief ich einen Kunden wegen seiner telefonischen

> Bestellung an, und seine Frau ging ans Telefon. Ich stellte mich vor, aber sie unterbrach mich mitten im Satz und schrie aufgeregt nach ihrem Mann: »DER VIDALIA-MANN! DER VIDALIA-MANN! NIMM DEN HÖRER AB!«
>
> In dem Moment wurde mir klar, dass wir etwas richtig machten. Dass wir nützlich waren. Dass wir eine positive Wirkung erzielten. … Das ist sehr befriedigend. Ich habe wirklich Glück, dass ich mit dieser Branche zu tun habe.[10]

Vielleicht liegt es an den Zwiebeln, aber Askews Geschichte rührt mich zu Tränen. Eine werteorientierte Mission und ein echter Sinn, der von der eigenen Lebenserfahrung gestützt ist, haben etwas zutiefst Schönes an sich. Darum geht es beim minimalistischen Unternehmertum: einen Unterschied machen und dabei seinen Lebensunterhalt verdienen.

Der minimalistische Unternehmer

Bevor ich mit der Arbeit an diesem Buch begann, hätte ich mich selbst nicht als minimalistischen Unternehmer beschrieben. Ich hätte gesagt, ich wäre jemand, der eine neue Art Start-up gründen will, die Profitabilität den Vorrang vor Wachstum gibt und lieber positiv wirken will, als sich schnell zu bewegen und Dinge kaputt zu machen. Statt so viel Wert wie möglich einzufahren, wollte ich so viel Wert wie möglich für unsere Kunden und unsere Gemeinschaft erschaffen.

Und ich bin nicht der Einzige. In diesem Buch werden Dutzende von Unternehmern wie Peter Askew vorgestellt und andere, die beim Aufbau ihrer Unternehmen denselben Ansatz verfolgen. In den vergangenen Jahren habe ich mich über Twitter oder bei Konferenzen mit ihnen allen ausgetauscht, und mit je mehr Leuten ich gesprochen habe, umso mehr hatte ich das Gefühl, dass wir diesem neuen Weg, der Software nutzt, um die Unternehmensgründung zu demokratisieren und für alle zu normalisieren, einen Namen geben sollten.

Minimalistische Unternehmer sind alle einzigartig, und auch ihre Wege zum Erfolg sind es, aber ich habe mich bemüht, meine Erkenntnisse in einem einzigen, nachvollziehbaren Strategiebuch zusammenzufassen.

Die einzelnen Schritte, wie man ein minimalistischer Unternehmer wird, lassen sich in einer Funktion des minimalistischen Unternehmertums abbilden – und finden sich, nicht rein zufällig, in den Kapiteln dieses Buches wieder. Jedes Kapitel baut auf dem vorhergehenden auf – so wie die Addition zu Multiplikation führt, die zur Algebra führt, die wiederum zum Integral führt – bis du, am Ende des Buches, gut dafür gerüstet bist, selbst ein minimalistischer Unternehmer zu werden. Du kannst es von vorne bis hinten durchlesen, aber natürlich kannst du auch zwischen einzelnen Teilen hin und her springen; jeder befindet sich auf der Reise zum eigenen Unternehmen an einem anderen Punkt.

- PROFITABILITÄT HAT PRIORITÄT
  Minimalistische Unternehmer bauen Unternehmen auf, die um jeden Preis profitabel sind. Viele Unternehmen sind gar nicht dafür gedacht, lange genug zu existieren, um profitabel zu sein. Sie sollen verkauft werden, bevor Gewinne notwendig werden, und bis dahin Gelder von Investoren einbringen. Minimalistische Unternehmer streben danach, vom ersten Tag an oder bald danach, profitabel zu sein, weil Gewinne der Sauerstoff ist, von dem Unternehmen leben. Sie machen Gewinne, indem sie ein Produkt an Kunden verkaufen, und nicht, indem sie ihre Nutzer an Werbefirmen vermarkten.
- AM ANFANG STEHT DIE GEMEINSCHAFT
  Minimalistische Unternehmer bauen auf eine Gemeinschaft als Fundament auf. Sie fragen nicht: »Wie kann ich helfen?«, sondern beobachten aufmerksam und pflegen authentische Beziehungen. Sie verwenden Zeit und Mühe darauf, zu lernen und Vertrauen aufzubauen, sie konzentrieren sich auf den »Product-Market-Fit«[11] (ein Begriff, den der Risikoinvestor Marc Andrees-

sen geprägt hat und der bedeutet, dass man sich auf einem guten Markt befindet mit einem Produkt, das den Markt befriedigen kann), bevor sie irgendetwas anderes aufbauen.

- SO WENIG AUFBAUEN WIE MÖGLICH
  Minimalistische Unternehmer bauen nur das auf, was sie müssen, und automatisieren den Rest oder lagern ihn aus. Minimalistische Unternehmen widmen sich einer Sache und machen die dann gut. Sie erarbeiten gemeinsam mit ihren Kunden eine Lösung und stellen sicher, dass die Sache ihr Geld wert ist, bevor sie diese Kunden außerhalb ihrer Gemeinschaft anbieten.
- DIE ERSTEN 100 KUNDEN
  Minimalistische Unternehmer verwenden nicht viel Zeit darauf, Menschen zu überzeugen – sie informieren Menschen. Der Verkaufsprozess ist eine Entdeckungsreise, und minimalistische Unternehmer nutzen Verkaufsgespräche, um mit einem potenziellen Kunden nach dem anderen über ihre Produkte zu sprechen, und gleichzeitig informieren sie sich über das Problem, das sie für ihre Kunden zu lösen versuchen. Ein solcher Verkaufsprozess braucht Zeit und baut auf Beziehungen und Verletzlichkeit auf, er ist keine eintägige Eröffnungsparty, nach der an Fremde verkauft wird.
- BEIM MARKETING AUTHENTISCH BLEIBEN
  Minimalistische Unternehmer machen sich verletzlich, indem sie ihre Geschichten von Kämpfen und Erfolgen mit anderen teilen. Das beste Marketing zeigt der Welt, wer du und dein Produkt wirklich seid. Minimalistische Unternehmer verstehen, dass Menschen sich für andere Menschen interessieren, und sie informieren, inspirieren und unterhalten, wann und wo immer sie können. Statt Schlagzeilen zu machen, gewinnen sie Fans – die mit der Zeit zu Kunden werden.
- BEDACHTSAMES WACHSTUM
  Minimalistische Unternehmer kontrollieren ihr Geschäft, sie lassen sich nicht von ihrem Geschäft kontrollieren. Sie geben kein Geld aus, das sie nicht haben, und sie opfern für Wachstum

nicht die Profitabilität. Sonst wird es zu einem Spiel, das man verlieren kann … und minimalistische Unternehmer verlieren nicht.

- DAS HAUS ERRICHTEN, IN DEM DU LEBEN WILLST
Minimalistische Unternehmer stellen andere minimalistische Unternehmer ein. Statt dem Status quo zu folgen, bauen sie ihre Unternehmen auf der Basis von Grundprinzipien auf und verscherzen es sich dabei mit fast jedem. Dein Vorgehen wird nicht allen gefallen, aber ein paar wenige Menschen werden es richtig toll finden, und wenn du deine Werte früh und häufig genug definierst und der Welt sagst, wer du bist, dann werden diese Menschen dich finden. Die gängige Meinung darüber, wie, wann und wo wir arbeiten, wandelt sich rasch. Minimalistische Unternehmer wissen, dass es nur wenige Regeln gibt.

Selbst wenn du dein minimalistisches Unternehmen erfolgreich aufgebaut hast, ist die Reise noch nicht zu Ende. Vorsicht Spoiler: Sie ist nie zu Ende. Minimalistische Unternehmer wissen, dass es im Leben um mehr geht als nur um ihr Unternehmen. Der eigentliche Zauber des Unternehmertums besteht darin, dass man mit seinem Unternehmen die Lebensqualität vieler Menschen verbessern kann. Und das müssen keine Millionen sein; »genügend« ist das, was sie dazu erklären, keine bestimmte Menge.

Wenn du jetzt zustimmend nickst, großartig. Wenn du immer noch skeptisch bist, ist auch das okay. Ich habe 50.000 Wörter und ein paar wenige Stunden Zeit, um dich zu überzeugen. Lies einfach weiter!

Profitabilität statt Einhornjagd

Der Aufbau eines minimalistischen Unternehmens ist kein Rezept, um schnell reich zu werden, aber man kann langsam reich damit werden, wenn man Profitabilität, nicht Wachstum, als wichtigsten Indikator für den Erfolg des Unternehmens annimmt. Statt Wasser zu treten, bis ein Rettungsboot kommt – so sehen viele Gründer die nächste

Finanzspritze von Investoren –, geht es hier darum, ein eigenes Boot zu bauen.

Ich glaube, dass minimalistische Unternehmer eine fast 100-prozentige Erfolgsrate haben, doch gebe ich zu, dass es dazu womöglich viele Experimente braucht. Deswegen ist Profitabilität wichtig. Wenn man profitabel arbeitet, kann man unzählige Schüsse aufs Tor abgeben, was praktisch Erfolg garantiert, solange man von den Kunden lernt. Die meisten Menschen fangen gar nicht erst an. Die meisten, die anfangen, machen nicht weiter. Die meisten, die weitermachen, geben irgendwann auf. Viele Gewinner sind einfach nur die Letzten, die noch im Spiel sind. Gib nicht auf!

Wir stehen am Ende einer Ära, in der Chefs und Universitäten und Risikoinvestoren entscheiden, wer es versuchen darf und wer nicht. Informationen darüber, wie man Unternehmen gründet und aufbaut, sind heute für Gründer überall auf der Welt verfügbar, und ein Unternehmen zu gründen ist heute auch billiger als früher, was bedeutet, dass es immer weniger Gründe gibt, Geld von Risikoinvestoren einzuholen. Sich Gelder zu beschaffen, ist nicht grundsätzlich falsch, und nicht alle Einhörner sind schlecht. Für Gumroad habe ich Geld besorgt (und wie du später lesen wirst, habe ich es noch einmal getan, aber auf einem völlig anderen Weg), und es gibt Unternehmen wie Pinterest, Lyft, Slack und andere, die mit Risikokapital finanziert wurden, schnell wuchsen und dennoch ihren Fokus auf den Kunden behielten. Aber das Risikokapitalmodell basiert zum Großteil darauf, nicht nachhaltiges Wachstum zu schaffen und Unternehmen zu zerstören, die nach anderen Maßstäben erfolgreich sind.

Warum ist das so? Die Risikokapitalfinanzierung ist eine hochriskante Investmentstrategie mit hohen Renditen, bei der Risikofonds eine Finanzierung gegen eine frühe Beteiligung an einem Start-up eintauschen und damit gleichsam einen Anteil am zukünftigen Wert des Unternehmens kaufen, in das sie investieren. Damit dieses Modell funktioniert, müssen die Gewinner wie Uber, Airbnb und Stripe für alle Verlierer bezahlen. Aileen Lee von Cowboy Ventures prägte den Begriff »Einhorn« für Start-ups im Privatbesitz mit einem Wert von mehr als einer Milliarde US-Dollar, die die Lebensgrundlage für Risikofonds bilden.[12] Im Märchen können Menschen gar nicht anders, als Einhörner zu jagen – sie sind nahezu unwiderstehlich, aber sie sind auch selten und fast unmöglich zu fangen.

Die mythologische Metapher könnte nicht zutreffender sein. Kaum jemandem gelingt es, ein Milliarden-Dollar-Geschäft aufzubauen, auch mit enormen Risikokapitalspritzen nicht. Laut Matt Murphy, Geschäftsführer und Miteigentümer von Menlo Ventures, scheitern etwa 70 Prozent der Start-ups, was alles bedeuten kann, von der vollständigen Liquidierung bis zur Erzielung eines positiven Cashflows, was zwar gut für das Unternehmen ist, aber immer noch schlecht für die Investoren.[13] Von den übrigen 30 Prozent, sagt er, erbrächten manche das Drei- bis Fünffache der ursprünglichen Investitionen als Rendite, was in diesem Zusammenhang nur einen moderaten Erfolg darstellt. Das gesamte System fußt darauf, dass mindestens 5 Prozent der risikokapitalgestützten Unternehmen das 10- bis 100-Fache an Renditen einbringen, um die Verluste auszugleichen, damit sich das alles lohnt.[14] Ohne sie funktioniert das Risikokapitalmodell ganz einfach nicht. Der übergroße Erfolg der wenigen Milliarden-Dollar-Start-ups gleicht all das Geld aus, das für die Tausenden anderen Projekte aus dem Fenster geworfen wird.

So arbeiten minimalistische Unternehmer nicht. Wir konzentrieren uns von Tag eins an auf Profitabilität, um kurz darauf nachhaltig wirtschaften zu können, damit wir unseren Kunden und unserer Gemeinschaft dienen können, solange wir wollen.

Nenne es nicht Comeback

Ganz egal, wo, wie oder für wen du aktuell arbeitest, du kannst mithilfe der Grundsätze in diesem Buch die Annahmen und Verhaltensweisen überdenken, die dich möglicherweise behindern. Ich glaube wirklich, dass ein Unternehmen zu gründen für jeden eine Option sein sollte, unabhängig vom persönlichen Hintergrund. Darum finden sich in diesem Buch zahlreiche Beispiele von vielen großartigen Unternehmen, die leidenschaftliche Menschen überall auf der Welt aufgebaut haben, und von denen viele bis jetzt kaum beachtet wurden. Ihre Geschichten können hoffentlich aufstrebenden minimalistischen Unternehmern als Beispiel dienen, da neue Online-Tools Unternehmensaufbau, Marketing und Verkauf für jeden einfacher und billiger machen – auch für Solopreneure und unabhängige Kreateure.

Wo fängt man an? Sieh dir die Menschen, Orte und Gemeinschaften, die dir wichtig sind, genau an. Wo sind die Schwachstellen? Was funktioniert nicht, könnte aber mit etwas Anstrengung verbessert werden? All dies sind Gelegenheiten, um durch minimalistisches Unternehmertum Positives zu bewirken. Ich finde es schon witzig, dass Leute oft herumlaufen und nach einer Start-up-Idee suchen und sich gleichzeitig über all das Alltägliche in ihrem Leben beschweren, das nicht richtig funktioniert. »Klar könnte ich das mit ein bisschen Anstrengung lösen, aber der potenzielle Markt ist einfach nicht groß genug für ein ehrgeiziges Unternehmen.« Diese Denkweise will dieses Buch ändern.

Vielleicht bist du schon dabei, ein Geschäft aufzubauen, aber auch wenn du gerade erst anfängst, solltest du wissen, dass sich manche Geschäftsmodelle besser für den Weg zum minimalistischen Unternehmer eignen als andere. Dazu gehört jede Art von Business-to-Consumer- oder Business-to-Business-Geschäft, bei dem es schnelles Kundenfeedback und reichlich Gelegenheit für Iterationen gibt, wie etwa bei Software as a Service (SaaS), bei digitalen und physischen Produkten und Dienstleistungen oder wenn Menschen gegen eine Gebühr miteinander in Kontakt gebracht werden. Auf all das werden wir später im Buch noch eingehen.

Es gibt auch Branchen, die sich nicht gut für diesen Ansatz eignen, weil das Feedback der Kunden zu langsam zurückkommt. Zum Beispiel passen die Prozesse und Systeme, die ich empfehle, womöglich nicht für Unternehmen, die viel Forschungs- und Entwicklungsarbeit benötigen oder die vor allem an große, bürokratisierte Unternehmen oder Institutionen verkaufen – etwa Fortune-100-Unternehmen, Hochschulen oder Krankenhäuser.

Die gute Nachricht ist, dass sich das Konzept der »Unternehmen« schneller verändert als je zuvor und einer neuen Bandbreite von Innovatoren neue Möglichkeiten eröffnet. Diese Verschiebung hatte bereits vor 2020 eingesetzt, aber die COVID-19-Pandemie hat sie beschleunigt und dafür gesorgt, dass sich mehr Menschen aus allen gesellschaftlichen Bereichen für Unternehmertum interessierten. Heute gilt mehr denn je, dass man nicht ins Silicon Valley ziehen, eine Universität wie Harvard oder Stanford besuchen oder sich um Geld von Risikokapitalgebern bewerben muss. Dank des Internets kann man von überall aus lernen, sich mit jedem vernetzen und direkt bei den Kunden Geld beschaffen.

Die Welt braucht die Lösungen, die nur Unternehmer liefern können, dringend. Alltagsprobleme gibt es überall, aber sie sind dem Blick der Softwareentwickler aus dem Silicon Valley und der Überflieger von den Eliteuniversitäten, die bisher zur Unternehmerkaste gesalbt waren, häufig verborgen. Wir brauchen die Hilfe von Unternehmern aus jedem Teil des Planeten und allen gesellschaftlichen Schichten. Es ist Sache einzelner Kreateure und Unternehmer, für uns selbst und unsere Unternehmen bessere Ziele zu setzen. Denn Probleme lösen sich nicht von allein. Menschen lösen sie.

Erst Kreateur, dann Unternehmer

Auf dem Papier sieht es ganz einfach aus:

1. Definiere genau, wer dein idealer Kunde ist. Schränke die Auswahl weiter ein, bis sie sich nicht weiter einschränken lässt.
2. Definiere genau, für welches Ärgernis deiner Kunden du eine Lösung finden willst und wie viel sie dir für diese Lösung zahlen werden.
3. Setze dir eine strenge Deadline und konzentriere dich darauf, eine Lösung zu entwickeln, dann verlange Geld dafür.
4. Wiederhole den Vorgang, bis du ein Produkt gefunden hast, das funktioniert, baue dann ein Unternehmen darum herum auf.

In der Praxis ist es nicht ganz so einfach. Viele Komplikationen treten auf, die meisten Leute wissen gar nicht, wo sie anfangen sollen. Ein »Unternehmen« jedweder Art ist zu furchteinflößend, zu gestaltlos oder nicht erreichbar. Heute steht uns zum Glück ein anderer Weg offen, um anzufangen. Bevor du Unternehmer wirst, sei ein Kreateur.

Das kann bedeuten, dass man künstlerisch tätig wird, muss es aber nicht. Kreateure erschaffen Dinge, lassen dann ihr Publikum dafür zahlen und erschaffen mit dem Geld mehr Dinge. Ihre ersten Einnahmen werden zu Werkzeugen, mit denen sie ihren Gestaltungsdrang befeuern, nicht andersherum. Mit der Zeit und zunehmender Erfahrung zeigen Kreateure anderen, wie sie aus ihrer eigenen Kreativität ein Geschäft machen können, und der Kreis schließt sich. Letztendlich gibt es gar keinen großen Unterschied zwischen einem Unternehmen wie Gumroad und einem Kreateur. Es ist reine Semantik – ein Mensch oder mehrere Menschen, die ein Unternehmen als Werkzeug einsetzen, um etwas Neues zu erschaffen. Maler brauchen Pinsel. Autoren brauchen Stifte. Kreateure brauchen Unternehmen. Das muss den Menschen klar werden, weil es die gedankliche Hürde vor der Gründung eines Unternehmens senkt, und überhaupt anzufangen ist das Allerwichtigste. Du musst nicht erst lernen, bevor du anfängst. Du fängst an und lernst dann.

Mein bester Freund in der Mittelstufe war besessen von dem Computerspiel World of Warcraft und entwarf Fantasy-Wesen in Photoshop. Ich war beindruckt, aber ich dachte außerdem: »Das kann ich auch.« Ich sah mir ein paar Photoshop-Tutorials an und machte mich an die Arbeit. Sobald ich die Software einigermaßen im Griff hatte, reichte ich erste Logos bei Online-Wettbewerben ein. Ich gewann nie, aber ich kreierte eine Menge Zeug und veröffentlichte es. So wurde mit der Zeit ein ganz ordentlicher Designer aus mir, und ich bekam erste Aufträge als Webdesigner.

Wenn man an Projekten anderer Leute arbeitet, bekommt man ganz automatisch auch eigene Ideen. Ich entwickelte erste einfache Webanwendungen und engagierte Programmierer, die mich unterstützten. Zum Beispiel entwickelte ich für Twitter eine App namens

Tweader, die Konversationen zwischen Nutzern auf Twitter darstellte, als Twitter selbst noch keine Threads unterstützte. Eine andere App namens »Ping Me When It's Up« (etwa: Ping mich an, wenn sie online ist) schickte mir eine Textnachricht, wenn eine Website, die offline gegangen war, wieder online war. (Offensichtlich habe ich kein besonderes Talent, Namen für Dinge zu erfinden.)

Als der iPhone-App-Store eröffnete, lernte ich in einem kostenlosen Kurs zur iOS-Programmierung namens CS193P (den ich immer noch empfehle) von Stanford über die iTunes-University, dafür zu programmieren. Der App Store wickelte alle finanziellen Aspekte ab, wenn ich an Kunden auf der ganzen Welt verkaufte, sodass ich mich auf die App-Entwicklung konzentrieren konnte. Perfekt.

Meine erste App hieß »Taxi Lah!«. Damit konnten Nutzer vom Handy aus ein Taxi rufen – bevor es Uber gab. Ich stellte es für die anderen Bewohner von Singapur in den App Store ein und verdiente ein paar Tausend Dollar damit. Danach entwickelte ich eine App namens »Color Stream«, mit der Designer Farbpaletten auf ihrem Handy erstellen und bearbeiten konnten. Das brachte mir etwa 10.000 Dollar ein. Jedes Mal suchte ich nach einer Lösung für ein Problem, das ich selbst hatte. Ich wollte eine Software entwickeln und erstellen, die mein Leben – und das Leben von anderen – ein wenig besser machte.

Diese Erfahrung, dass ich echte Produkte an echte Kunden auslieferte, führte zu meinem ersten Job bei Pinterest, wo ich die erste Pinterest-iPhone-App entwickelte und programmierte. Nebenher baute ich Gumroad auf, um ein Icon zu verkaufen, das ich in Photoshop entworfen hatte. Nachdem ich eine funktionsfähige Lösung gefunden hatte, verkaufte ich sie an andere Kreateure, die damit ihre Produkte an ihre eigene Gemeinschaft aus Kreateuren verkauften, von denen einige später selbst Gumroad-Kunden wurden. Heute bin ich ein waschechter Unternehmer, ohne dass ich je bewusst geplant hätte, einer zu werden.

Der App Store räumte alle Hürden beim Marketing und den finanziellen Angelegenheiten aus dem Weg, sodass ich mich voll auf die kreative Seite des Geschäfts konzentrieren konnte. Durch diese Aufwärtsdynamik wurde ich zum Gründer. Kreative Arbeit führt zu noch mehr kreativer Arbeit. Heute erfüllt Gumroad genau dieselbe Funktion für aufstrebende Kreative. Im Grunde ist es eine glorifizierte Sahil-Klon-Maschine. Ist das nicht toll? (Meine Mutter findet das.)

Max Ulichney ist ein Art Director und Illustrator aus Los Angeles. Er hatte sich immer vorgestellt, er würde tagsüber für ein großes Unternehmen arbeiten, um seinen Lebensunterhalt zu bestreiten, und abends ein paar Stunden an seinen eigenen Projekten arbeiten. Er arbeitete tatsächlich 15 Jahre lang bei einer Kreativagentur und begann irgendwann zwischen Meetings mit der iPad-App Procreate zu zeichnen und zu malen. Vor ein paar Jahren beschloss Max eines Tages, einige seiner digitalen »Pinsel«, die er für die eigene Nutzung entworfen hatte, an andere Procreate-Nutzer zu verkaufen. Wenige Hundert Dollar später entschied er, dass es die Mühe wert war, aus dem Verkauf der digitalen Werkzeuge ein Geschäft zu machen. Zwei Jahre später verdiente Max seinen Lebensunterhalt als selbstständiger Kreateur. Vor kurzem hat er seinen Job bei der Agentur gekündigt und arbeitet jetzt Vollzeit an Maxpacks.

Von diesen »erst Kreateur, dann Unternehmer«-Geschichten, wie die von Max, gibt es Tausende.

Adam Wathan und Steve Schoger bringen Menschen bei, wie man Webanwendungen entwirft und programmiert. Sie glauben, wie ich auch, dass mit ein wenig Hilfe fast jeder ein kompetenter Front-End-Entwickler und -Designer werden kann. Im Dezember 2018, nur wenige Jahre, nachdem sie ihr Online-Publikum aufgebaut hatten, veröffentlichten sie den Online-Kurs Refactoring UI, der ihnen in einem einzigen Monat mehr als 800.000 Dollar einbrachte. Jetzt tun sie das, was sie wirklich lieben: Sie arbeiten an Tailwind, einem kostenlosen Open-Source-System, mit dem man in kurzer Zeit maßgeschneiderte Webdesigns erschaffen kann.

Die zweifache Mutter Kristina Garner bringt Familien bei, wie sie ihre Kinder nach einem säkularen, naturbasierten Lehrplan zu Hause unterrichten können. Aus ihrem Blog von 2015 über ihre persönliche Passion wurde das Unternehmen Blossom and Root, das Dutzende Mitarbeiter beschäftigt und jeden Monat Tausenden Familien hilft.

Dies sind nur ein paar wenige Beispiele für die 28.207 Kreateure, die im vergangenen Monat etwas über Gumroad verkauft haben. Das klingt nach einer großen Zahl, aber auch ich habe klein und unspektakulär angefangen, wie bei jeder kreativen Schöpfung: Bei der Zahl, die gleich nach Null kommt. Jetzt gibt es dort etwas, wo vorher nichts war: digitale Pinsel, Online-Kurse, nach Hause gelieferte Vidalia-Zwiebeln.

Im folgenden Kapitel werde ich dir zweigen, wie du anfangen kannst.

DAS WICHTIGSTE IN KÜRZE

- Du musst nicht erst lernen, bevor du anfängst. Du fängst an und lernst dann.
- Minimalistische Unternehmer konzentrieren sich darauf, »um jeden Preis profitabel« zu werden, statt um jeden Preis zu wachsen.
- Ein Unternehmen ist eine Möglichkeit, um Probleme für Menschen zu lösen, die dir etwas bedeuten – und dafür bezahlt zu werden.
- Werde erst Kreateur und danach Unternehmer.

Lesetipps

- Folge Peter Askew (@searchbound) bei Twitter, wo er regelmäßig über Geschäftsideen, freie Domainnamen und anderes Interessante twittert.
- Lies seinen Artikel »I Sell Onions on the Internet« auf https://www.deepsouthventures.com/i-sell-onions-on-the-internet/.
- Lies den Artikel, der zu diesem Buch geführt hat: »Reflecting on My Failure to Build a Billion-Dollar Company« auf https://sahillavingia.com/reflecting.
- Folge @gumroad bei Instagram und schau dir dort die Storys unserer Kreativen an.
- Tritt dem Club der minimalistischen Unternehmer auf Clubhouse bei, um andere minimalistische Unternehmer in der Community kennenzulernen und von ihnen zu lernen.

2

AM ANFANG STEHT DIE GEMEINSCHAFT

Um ein Kind aufzuziehen, braucht es ein ganzes Dorf.
– AFRIKANISCHES SPRICHWORT

Im Jahr 2009 war Sol Orwell übergewichtig und unglücklich, daher abonnierte er den Subreddit »r/Fitness«, eine von Tausenden kleiner Online-Communities bei Reddit, um an Informationen zu kommen und Unterstützung zu finden. Gleichzeitig las er über Fitness und Ernährung und notierte sich, was er in Büchern wie *Der 4-Stunden-Körper* von Tim Ferriss lernte, und postete Zusammenfassungen für andere Mitglieder der Community im Fitness-Subreddit. Dass Orwell bei Reddit nach Anschluss suchte, war die offensichtliche Wahl für ihn. Er beteiligte sich bereits an den NBA- und Toronto-Subreddits und anderen, kannte und verstand daher die Regeln und Vorschriften bei Reddit, nach denen nur authentische, nützliche Inhalte gepostet werden sollten.

Je mehr er über Fitness und Ernährung in Erfahrung brachte, umso mehr teilte er. Zusätzlich zu seinen Notizen beantwortete er Fragen, dokumentierte, wie er selbst im Lauf von mehreren Jahren mehr als 27 Kilogramm verlor, und inspirierte so andere. Er sagt, er verdanke seine körperliche Verwandlung den Beziehungen, die er zu anderen »Redditors« knüpfte, unter ihnen Kurtis Frank, ein Moderator von r/Fitness. Irgendwann moderierten Sol und Kurtis den Subreddit gemeinsam, und mit der Zeit fielen ihnen zwei hartnäckige Probleme auf.

Erstens gab es wenig verlässliche Informationen über Nahrungsergänzungsmittel von anderen Redditors oder von den Herstellern dieser Produkte; und zweitens stellten neue Mitglieder fast jeden Tag dieselben Fragen, häufig zu eben diesen Nahrungsergänzungsmitteln. Beides frustrierte Sol, aber schließlich erkannte er, dass es die Informationsquellen, die die Leute brauchten, ganz einfach nicht gab.

Sol und Kurtis erkannten, dass es hier einen Job zu erledigen galt für eine Community, die ihnen am Herzen lag und die in den beiden Jahren ihrer Moderation von 5000 auf 50.000 Mitglieder angewachsen war.[15] Im Jahr 2011 gingen sie mit der Website Examine.com an den Start, auf der die kostenlosen, objektiven, aktuellen Forschungsergebnisse und Informationen über Ernährung und Nahrungsergänzungsmittel zu finden waren, nach denen sie selbst gesucht hatten.[16]

Sie erzählten den Leuten von ihrem Projekt, verkauften aber nichts und fügten nur gelegentlich einen Link im Fitness-Subreddit ein, wenn sie Fragen beantworteten. Immerhin waren sie zu dem Zeitpunkt bereits seit fünf Jahren bei Reddit dabei. Laut Sol hatten sie beide um die »100.000 Karma-Punkte«,[17] die anzeigen, welche Bedeutung die Beiträge eines Users für die Community haben und wie häufig er von anderen Usern kommentiert wird – die Leute vertrauten ihnen also, und sie lösten ein Problem für den Fitness-Subreddit, ohne eine Gegenleistung zu verlangen.[18]

Im Jahr 2013, zwei Jahre nach dem Start der Website, dachten sie darüber nach, damit Geld zu verdienen. Sie befragten die Community, welche Probleme die Informationen auf Examine.com womöglich lösen konnten. »Wir fragten die Leute: ›Welche Probleme habt ihr? Was würdet ihr gerne tun können?‹«, erinnert sich Sol. »Die häufigste Antwort war: ›Wir hätten gerne eine Tabelle mit allen Informationen, die ihr habt. Wenn wir dann wissen wollen, welche Nahrungsergänzungsmittel sich auf den Blutdruck auswirken, könnten wir es schnell nachschauen.‹« Aufgrund dieser Antworten boten Sol und Kurtis ihr erstes

Produkt an, Research Digest, einen umfassenden Leitfaden zu Nahrungsergänzungsmitteln und Ernährung.[19]

Sol hatte im Bereich Gesundheit und Ernährung inzwischen große Bekanntheit erlangt, und um für Research Digest zu werben, machte er sich vier Jahre, nachdem er sich dem Fitness-Subreddit angeschlossen hatte, seine Beziehungen zu Fitnessprofis zunutze. Bereits beim Projektstart teilten 105 Leute aus der Fitnessbranche den Link zu Research Digest. Das Ziel waren 1000 Verkäufe, und am Ende dieses ersten Tages hatten sie den Leitfaden bereits 600- bis 800-mal verkauft. Am Ende der Markteinführung hatten sie 3000 Leitfäden verkauft, alles nur dank ihres guten Rufs, dem Vertrauen und Mundpropaganda.[20]

Heute ist Sol glücklich, gesund und wohlhabend. Examine.com ist immer noch eine wichtige Informationsquelle für Profis im Bereich Gesundheit und Ernährung; pro Tag hat die Seite 70.000 Besucher und bringt einen siebenstelligen Jahresumsatz ein, obwohl Sol sich inzwischen aus dem Tagesgeschäft zurückgezogen hat.[21] Über die Website werden inzwischen auch weitere Leitfäden und Abo-Dienste dazu angeboten, wie sich Nahrungsergänzungsmittel nicht nur auf die Fitness, sondern auch auf die Lebensdauer, chronische Krankheiten und die psychische Gesundheit auswirken. Aber das Team hat die Community nie aus den Augen verloren und stützt sich nach wie vor auf das Vertrauen und die Beziehungen, die dort mit der Zeit authentisch gewachsen sind.

In diesem Kapitel reden wir darüber, wie du deine eigenen Gemeinschaften finden kannst (wenn du sie nicht schon gefunden hast) und wie man Probleme aufspürt, die sich gut für ein minimalistisches Unternehmen eignen. Ich sage es dir ganz ehrlich: Dieser Vorgang braucht Zeit, aber wenn du es richtig machst und vor allem authentisch bleibst, wird er auf Jahre hinaus die Basis für dein weiteres Vorgehen bilden. Die eigene Gemeinschaft zu kennen und zu ihr etwas beizutragen, ist in jeder Phase entscheidend, egal ob du erst am Anfang stehst oder schon an einem Produkt arbeitest. Wenn du das bedenkst, wirst du die richtige Atmosphäre für Zusammenarbeit, Wachstum und schließlich für ein tragfähiges Geschäft, das wirklich Bedeutung hat, finden und pflegen.

Zuerst kommt die Gemeinschaft

Die Gemeinschaft ist eine grundlegende gesellschaftliche Einheit. Von Sols r/Fitness-Subreddit über Yogaklassen und Familien bis zu den Freunden, mit denen wir mitten in der Nacht zocken, lernen und Spaß haben. Für minimalistische Unternehmer sind Gemeinschaften der Ausgangspunkt für jedes erfolgreiche Unternehmen.

Das heißt nicht, dass du jetzt losrennen und eine Gemeinschaft suchen und ihr mit dem alleinigen Ziel beitreten sollst, darauf ein Geschäft aufzubauen. Es bedeutet, dass die meisten Unternehmen fehlschlagen, weil sie nicht im Hinblick auf eine bestimmte Gruppe von Menschen aufgebaut wurden. Oft schaffen es die Erfolgreichen, weil sie sich auf eine Gemeinschaft konzentrieren, die der Gründer gut kennt. Dieser Vorgang braucht Zeit, weil er aus authentischen Beziehungen und der Bereitschaft zu dienen entsteht, und beides kann sich nur langsam entwickeln. Unter Umständen muss man dazu sogar eine neue Sprache lernen – oder zumindest den Insider-Sprech.

Früher waren Gemeinschaften durch die Geografie begrenzt, aber heute ist es so einfach wie nie zuvor, sich mit Leuten zu verbinden, mit denen man etwas gemeinsam hat, sei es ein besonderes Interessengebiet, ein Lieblingskünstler oder ein Glaube. Aber in einer Gemeinschaft denken und handeln nicht alle gleich, sie sehen auch nicht gleich aus und verhalten sich auch nicht gleich. Das wäre sonst eine Sekte.

Eine Gemeinschaft ist das Gegenteil. Das stellte ich fest, nachdem ich von San Francisco nach Provo gezogen und die Silicon-Valley-Blase verlassen hatte. Zum ersten Mal im Leben erlebte ich, dass die besten Gemeinschaften aus Individuen bestehen, die ein gemeinsames Interesse, gemeinsame Werte oder Fertigkeiten haben, ansonsten aber womöglich völlig unterschiedliche Menschen sind. Eine Gemeinschaft ist eine Gruppe von Menschen, die in jeder anderen Situation wahrscheinlich keine Zeit miteinander verbringen würden, und oft findet man dort alle möglichen Menschen, auch mit verschiedenen politischen Einstellungen. Eine Gemeinschaft kann die gegenseitige Abneigung von Menschen überwinden. An jedem Sonntag sah ich in der

»Kirche der Heiligen der letzten Tage« Progressivisten neben Konservativen sitzen, Reiche neben Armen, Junge neben Alten. Keine Ahnung, was sie jenseits der Kirchenmauern voneinander hielten, aber für einen Tag in der Woche saßen sie im Namen der Gemeinschaft zusammen.

Das war nicht einfach. Es war ein hartes Stück Arbeit, ein aktives Mitglied dieser Kirchengemeinde zu werden, ich musste erst die Sprache lernen, aber zum ersten Mal seit langer Zeit wurde ich an etwas Wichtiges erinnert: Man muss nicht sein ganzes Selbst in jede Gemeinschaft einbringen, der man beitritt, aber man muss einen Teil von sich einbringen. Und dieser Teil muss unbedingt authentisch sein. Die Kombination aus Zeit und Verletzlichkeit führt zu Beziehungen und Wachstum.

Zu meinem persönlichen Wachstum gehörte die Erkenntnis, dass ich als Außenseiter die Gemeinschaft mit anderen Augen sah und etwas völlig Neues beitragen konnte. Du wirst vielleicht nie in eine fremde Stadt ziehen, aber aus der eigenen Blase herauszukommen ist wichtig, wenn es um Gemeinschaft geht. Und gewisse Gemeinschaften zu verlassen, um neue zu erkunden, ist völlig normal und gesund.

Man muss nicht sein ganzes Selbst in jede Gemeinschaft einbringen, der man beitritt, aber man muss einen Teil von sich einbringen.

Mein Umzug aus dem Silicon Valley ins Tech-Zentrum von Utah zeigte mir, dass mir die Technologie gar nicht so wichtig war, zumindest nicht so wichtig, wie ich gedacht hatte. In Utah ging ich nicht zu Javascript-Meetups oder Designkursen oder Start-up-Pitch-Wettbewerben. Stattdessen belegte ich Zeichenkurse. Oder lernte wenige Hundert Meter von einem Schuppen entfernt Freilichtmalerei. Oder ich saß am Donnerstagmorgen mit ein paar Freunden, die ich bei einem Workshop kennengelernt hatte, in einem Café und schrieb oder überarbeitete Science-Fiction-Geschichten.

Diese kreativen Gemeinschaften im echten Leben erinnerten mich daran, was mich früher inspiriert hatte. Ich entdeckte meine kreative Ader wieder, verbrachte Zeit mit anderen Kreativen, und das rief in mir wieder wach, warum ich damals Gumroad überhaupt gegründet hatte: Ich liebe es, Dinge zu erschaffen! Ich konnte nicht fassen, dass ich das jahrelang vergessen hatte.

Plötzlich wurde ich zum Vorreiter einer Bewegung, die sich gerade formierte – und die Li Jin, ehemalige Partnerin bei der Wagniskapitalfirma Andreessen Horowitz und Gründerin von Atelier Ventures, »Passion Economy« nennt[22] – »eine Welt, in der Menschen ihren Lebensunterhalt mit dem verdienen, was sie lieben, und ein erfüllendes und sinnerfülltes Leben führen«.[23] Als ich Gumroad entwickelte, waren Online-Plattformen für Kreateure noch neu, doch die zunehmende Verbreitung von No-Code-Lösungen ermöglichen es fast makellos, Podcasts, Video- und Audio-Inhalte, Online-Kurse sowie virtuelle Lern- und Übungseinheiten zu erstellen und abzurechnen, sodass die Gründung eines Unternehmens rund um etwas, das man wirklich gerne tut, noch nie so einfach war wie heute.

Wahrscheinlich tust auch du etwas wirklich gerne, das oberflächlich betrachtet nichts mit deinem »echten« Job zu tun hat. Vielleicht geht es ums Marathonlaufen, Töpfern, elektronische Musik oder eine andere Leidenschaft, der du in deiner Freizeit nachgehst. Egal, was es ist, du musst Teil einer Gemeinschaft sein, wenn du ein minimalistisches Unternehmen um die Menschen herum aufbauen willst, die du magst und mit denen du gern Zeit verbringst, und um das, womit du gerne deine Zeit verbringst. Vielleicht denkst du schon über Lösungen für die Probleme einer Gemeinschaft nach, zu der du aktuell gehörst, oder vielleicht planst du nur, dich einer Gemeinschaft anzuschließen, wegen etwas, das du gerne tust. So oder so ist es am Anfang wirklich wichtig, deine Leute zu finden. Nicht nur für dein Geschäft, sondern auch für dein eigenes Wohlergehen.

Die Schreib- und Malkurse in Provo erinnerten mich daran, dass meine Gemeinschaft nicht nur aus den Menschen bestand, die ich direkt vor der Nase hatte; dazu gehörte auch eine größere Gruppe, die so wie ich »ihre Leidenschaft zu ihrer Lebensgrundlage machen« wollte.[24] Den echten Gemeinschaften, deren Teil ich war, ging es nicht um Wachstum um jeden Preis; eine derart beschleunigte Expansion hätte sie in eine Million kleine Teile zerbersten lassen. Ihre Priorität war, wie für mich auch, sich miteinander so zu verbinden, dass sie den Raum, die Zeit und die Freiheit hatten, ihre Interessen zu erforschen und am Ende auf bedeutungsvolle Weise ihre Leidenschaft in ein Geschäft umzuwandeln.

Die eigenen Leute finden

Vielen Menschen fällt es schwer, sich bewusst einer Gemeinschaft zuzuordnen, obwohl jeder ohnehin schon zu mehreren gehört. Wenn du das liest und dich fragst, welchen Gemeinschaften du bereits angehörst, dann stelle dir folgende Fragen:

Wer hört zu, wenn ich etwas sage?
Wo und mit wem verbringe ich meine Zeit, online und offline?
In welchen Situationen bin ich am authentischsten ich selbst?
Mit wem hänge ich herum, auch wenn ich sie nicht wirklich mag, aber es lohnt sich, weil wir etwas Wichtiges gemeinsam haben?

Denke mindestens eine Stunde lang darüber nach, bis du ein paar Mal das Gefühl hattest, dass dir nichts mehr einfällt. Auf der Liste, die du dabei aufstellst, stehen die Menschen, denen du dienen solltest. Wenn du bereits ein Unternehmen gegründet hast, bist du vielleicht versucht, diese Übung zu überspringen, aber ich finde, es lohnt sich immer wieder, sich daran zu erinnern, warum man tut, was man tut, und vor allem, für wen man es tut.

Anhand dieser Liste von Gemeinschaften kannst du dann eine Liste der Orte erstellen – geografisch und online – an denen du noch mehr Zeit verbringen, wo du lernen und dich mehr einbringen solltest:

- Für jede Gruppe mit einem gemeinsamen Interesse gibt es eine Facebook-Gruppe, eine Reddit-Community, ein Twitter- oder Instagram-Hashtag oder irgendeine Gelegenheit, sich im Internet zu treffen und Ideen miteinander zu teilen. Oft gibt es mehrere davon. Melde dich bei allen an.
- Es gibt Gemeinschaften, die von den Unternehmen geleitet werden, die diese Gemeinschaft bedienen. Melde dich auch dort überall an.
- Namhafte Lehrer bieten Online-Kurse an, die ebenfalls als Gemeinschaft fungieren. Auch dort könnte es sich lohnen, dabei zu sein – aber achte auf die Kosten.
- Natürlich gibt es auch Gemeinschaften, mit denen man sich persönlich trifft! Es gibt Meet-ups, Kurse, Vortragsreihen, Veranstaltungen zum Netzwerken und vieles mehr.

Wichtig ist jedoch, dass du Gemeinschaften beitreten willst, keinen Netzwerken.

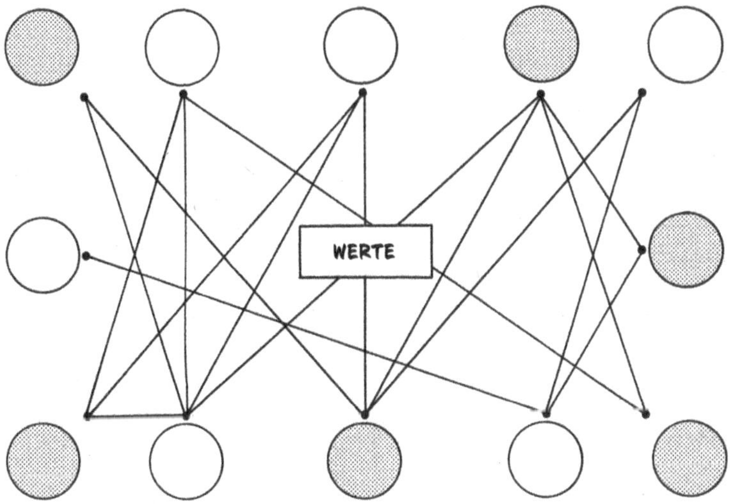

GEMEINSCHAFT

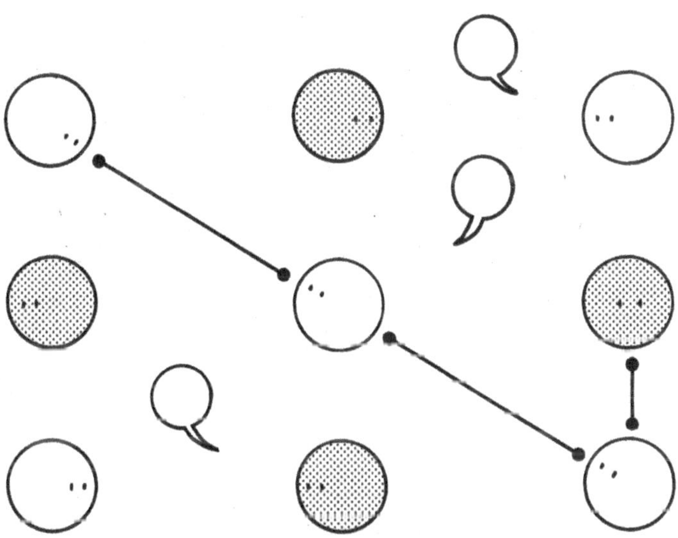

NETZWERK

In einem Netzwerk, wie Facebook, Twitter oder Instagram, fangen Neulinge bei null an. Keiner sagt »Hi«, wenn ein Neuling den Raum betritt, und wenn man etwas zu sagen hat, gibt es keine Garantie, dass irgendjemand zuhören, geschweige denn helfen wird.

Netzwerke sind keine schlechte Sache, ob in persona oder online. Manchmal können sie zu echten und bedeutsamen Verbindungen führen, insbesondere mit etwas Zeit, wenn man Freunde und Follower dazugewinnt und der Algorithmus anfängt, deine Arbeit und deinen Content Leuten zu empfehlen, die dich nicht ohnehin schon kennen. Aber woher kommen diese Freunde und Follower? Aus den Gemeinschaften, zu denen du bereits gehörst! (Hinweis: Netzwerke und ein Publikum sind sehr wichtig für einen minimalistischen Unternehmer, aber noch nicht gleich von Anfang an. Mehr Details dazu gibt es in Kapitel 5.)

Irgendwann wirst du als Gesicht deines Unternehmens verschiedenen Netzwerken angehören, aber glaube am Anfang ja nicht, Gemeinschaften und Netzwerke wären austauschbar, ganz egal, wie verlockend die potenzielle Viralität sein mag. Baue zunächst tiefgründige Beziehungen auf.

Sich einbringen, erschaffen, lehren

Mitglied einer Gemeinschaft zu sein, ist ein Anfang, aber die echte Magie beginnt erst, wenn du dich aktiv einbringst. Die Autoren und Blogger Ben McConnell und Jack Huba nennen dies die »1-Prozent-Regel«: Im Internet, so sagen sie, erschafft 1 Prozent der Nutzer Neues, 9 Prozent beteiligen sich aktiv und 90 Prozent konsumieren nur.[25] Sie haben bewiesen, dass diese Regel auf Websites wie Wikipedia und Yahoo zutrifft, und sie ist auch auf andere kollaborative Websites anwendbar. Bei Reddit zum Beispiel posten die meisten Leute, im Gegensatz zu Sol Orwell und Kurtis Frank, selbst nicht, sie kommentieren nicht und vergeben auch keine Upvotes. Sie browsen anonym, lesen nur mit, »lurken« also. Ein Beispiel: Der r/Askreddit-Subreddit hatte 1,5 Millionen Besucher (Unique Visitors) am Tag, aber im selben Zeitraum wurden nur 2674 neue Beiträge eingestellt und 110.408 Kommentare geschrieben.

Wer sich aktiv einbringt, hat also die zehnfache Präsenz von jemandem, der es nicht tut. Und von da an wird es immer mehr.

Sich aktiv einbringen heißt, dass man kommentiert, editiert und ganz allgemein an der Unterhaltung teilnimmt. Wenn du dann noch einen Schritt weiter gehst und eigene Beiträge erstellst, in denen du zeigst, woran du arbeitest, weitergibst, was du gerade selbst lernst, und neues Material in die Gemeinschaft einbringst, dann wächst dein Einfluss um das Neunzigfache. Natürlich ist das stark vereinfacht, aber der entscheidende Punkt wird hoffentlich deutlich: Lurken ist zwar besser, als unnötige Kommentare abzugeben, aber noch besser ist es, etwas Wertvolles zur Gemeinschaft beizutragen, selbst wenn man sich noch nicht bereit dafür fühlt. Wenn dir das schwer fällt, wie vielen anderen auch, dann erinnere dich daran, dass es egoistisch wäre, etwas für dich zu behalten, das für andere von Nutzen sein kann!

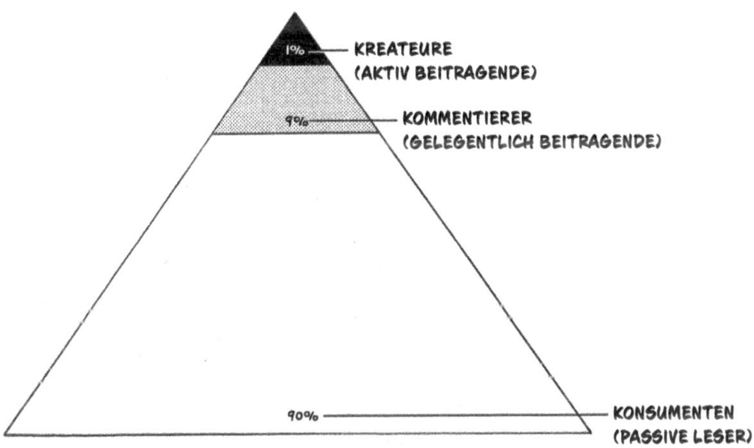

Wenn du selbst etwas beiträgst, werden die Leute bald deinen Namen kennen. Irgendwann wird jemand dann vielleicht mit einem »@mention« deinen Rat suchen oder dir folgen, sodass er jedes Mal benachrichtigt wird, wenn du etwas postest.

In Utah lernte ich mehrere Maler kennen, die so eine Gemeinschaft und schließlich ein Geschäft aufgebaut hatten. Einer von ihnen ist der Landschaftsmaler Bryan Mark Taylor, der Mitglied einer Gemeinschaft von Malern und Kunstbegeisterten war, die überall an der kalifornischen Küste an Pleinair-Malwettbewerben teilnahmen. Über diese Wettbewerbe verkaufte er seine Arbeiten und versammelte so eine loyale Gruppe aus Sammlern und Künstlerkollegen um sich, die ihm auf Instagram folgten. Dort vergrößerte er seine Gemeinschaft, indem er weitere Arbeiten und Lehrvideos postete. Bei einer Rucksacktour Anfang der 2010er-Jahre ging seine Staffelei kaputt, und daraufhin baute er den ersten Prototypen der Strada-Staffelei (Strada Easel), um sein eigenes Problem zu lösen. Und weil sich seine Gemeinschaft über Jahre hinweg durch eine gemeinsame Leidenschaft ganz natürlich entwickelt hatte, konnte er diese Idee mit Tausenden anderen Malern teilen, die dann selbst eine solche Staffelei wollten. Heute verhilft Strada Easel ihm und seinen Mitarbeitern zu einem glücklichen Leben, und er bekommt so viel Malfarbe, wie er will.

Wenn du deine Kontakte regelmäßig pflegst, indem du zur Unterhaltung beiträgst, wirst du irgendwann für den nächsten Schritt bereit sein und anfangen, andere anzuleiten. Aber was sagt man zu den anderen, und wie kommt man in Kontakt mit Leuten, die man über die Gemeinschaft kennen- und schätzen gelernt hat? Bei allem geht es darum, dass du Werte schaffst, und alles lässt sich durch drei Schilder zusammenfassen, die Nathan Barry, der Gründer von ConvertKit, das E-Mail-Marketing für Kreative anbietet, im Büro hängen hat:[26]

- »Arbeite in der Öffentlichkeit.«
- »Gib alles weiter, was du weißt.«
- »Erschaffe jeden Tag etwas.«

Wenn du immer weiter dazulernst, wirst du auch anderen immer etwas darüber beibringen können, wie ihre nächsten Schritte am besten aussehen.

Nathan begann im Jahr 2006, zu bloggen und E-Books zu veröffentlichen. Er hatte Schwierigkeiten, eine ausreichend große Gemeinschaft für seine Arbeit aufzubauen, während es anderen in seiner Umgebung leicht zu fallen schien. Der Webdesigner Chris Coyier, dem Nathan folgte, postete regelmäßig Artikel und Tutorials auf seiner Website CSS-Tricks.com.

Chris hatte aufgrund seiner Artikel eine Gefolgschaft um sich geschart, und als er sich im Jahr 2012 einen Monat freinehmen wollte, um seine Website neu zu gestalten, und für den Lebensunterhalt in dieser Zeit 3500 Dollar brauchte, versprach er, Tutorials über die Neugestaltung aufzunehmen und gegen einen Beitrag zu seiner Kickstarter-Kampagne zur Verfügung zu stellen. So kamen in kürzester Zeit 87.000 Dollar zusammen. »Ich dachte nur, dass Chris und ich beim Webdesign etwa gleich gut waren«, schreibt Nathan. »Wir haben etwa gleichzeitig angefangen und gleich schnell Fortschritte gemacht. Wie schaffte es Chris dann, einfach den Schalter umzulegen und 87.000 Dollar mit einer Kickstarter-Kampagne zu verdienen, ich aber nicht? Was war bei ihm anders?«

Sie machten beide dieselbe Arbeit, aber im Gegensatz zu Nathan teilte Chris, was er tat. »Mir wurde klar, dass ich ein Projekt annahm, die Arbeit machte, das Projekt ablieferte und mit dem nächsten weitermachte«, sagte Nathan. »Chris machte dasselbe, ABER bevor er ein Projekt abhakte, brachte er anderen alles bei, was er bei diesem Projekt selbst gelernt hatte. Er veröffentlichte Beispiele, wenn er es durfte, schrieb Tutorials über den Code, den er geschrieben hatte, und alle Techniken, die er verwendet hatte. Das machte er bei jedem Projekt. Chris gab alles weiter, was er wusste, und ich tat das nicht. Das war der Unterschied zwischen uns.«[27] Seit dieser Erkenntnis hat ConvertKit es zu einem Jahresumsatz von 20 Millionen Dollar geschafft.

Die Chancen stehen gut, dass bei allem, was man selbst lernt, ein Teil der Gemeinschaft es zu schätzen weiß, wenn man das Gelernte weitergibt, auch wenn man nicht der größte Experte der Welt auf diesem Gebiet ist.

Wenn man regelmäßig dazulernt, dann hat man auch immer etwas Neues, das man in der Gemeinschaft beitragen kann. Mit der Zeit wird das ein schöner Selbstläufer, denn anderen etwas beizubringen, kann oft die eigene Neugier anfeuern und dazu inspirieren, selbst mehr dazuzulernen. Wenn man öffentlich lernt, haben Schüler außerdem Fragen, die einen zwingen, noch mehr zu lernen, das man ihnen beibringen kann.

Man muss natürlich nicht alles weitergeben, was man lernt. Tatsächlich ist es besser, wenn man sich auf ein Kernthema konzentriert. Der Autor, Unternehmer und Softwareexperte Patrick McKenzie, der vor allem für sein Posting über Gehaltsverhandlungen bekannt ist, das unter Softwareentwicklern Kultstatus hat, glaubt zum Beispiel, die beste persönliche Marke liege in der Schnittmenge zwischen zwei Themen.[28] Heute arbeitet er für den Online-Bezahldienst Stripe, schreibt dort und berät Softwareentwickler und Softwareunternehmer, wie sie ihr Geschäft auf- und ausbauen können.[29] Er gibt da seine eigenen Erfahrungen als Kreateur und Unternehmer weiter.

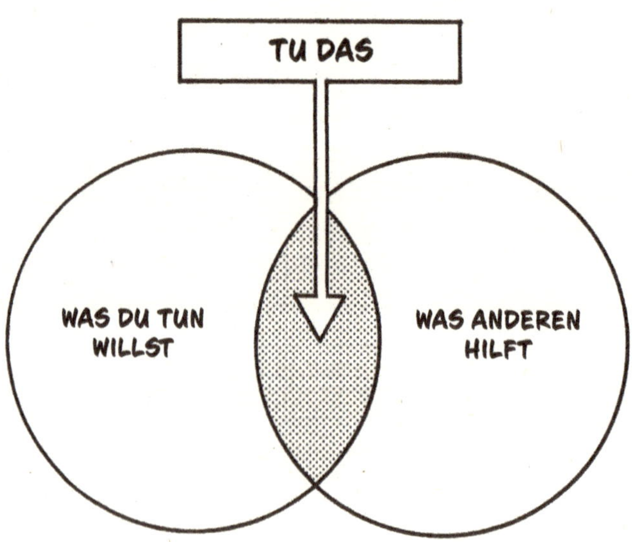

Wenn du jeden Tag dazulernst, was wahrscheinlich der Fall ist, dann wirst du auch jeden Tag etwas haben, das tu teilen kannst. Ganz nebenbei erweiterst du deine Fähigkeiten, sammelst Erfahrungen, lernst die Sprache und baust deine Gemeinschaft aus, alles unverzichtbar, wenn du letztendlich ein Produkt hast, das sich verkaufen lässt.

Leider gibt es dabei keine Abkürzungen, wie du wahrscheinlich schon weißt. Wenn du darüber nachdenkst, was du derzeit erschaffst und wie du das in Zukunft zu einem Geschäft machen kannst, dann solltest du in den Gemeinschaften, zu denen du gehörst, nach Hinweisen suchen. Du hast dort Zeit und Energie hineingesteckt und weißt dadurch wahrscheinlich schon, wie es weitergehen könnte. Falls nicht, mach einfach weiter wie bisher und nutze die Zeit, um stark zu werden, um Malen zu lernen oder was dir sonst gefällt, und gib weiter, was du dabei lernst.

Wenn du soweit bist, dein Wissen zu Geld zu machen, heute oder in der Zukunft, wenn du genug Zeit investiert hast, wirst du zu einer beachtlich großen Gemeinschaft gehören, aus der sich dann deine ersten zukünftigen Kunden rekrutieren (mehr dazu in den Kapiteln 4 und 5). Das ist wichtig, weil es dir hilft, die Qualität deiner Arbeit ehrlich einzuschätzen. Deine Gemeinschaft sollte dir beweisen, dass du besser wirst, etwas produzierst und anderen hilfst; diese Leute könnten ihre Aufmerksamkeit einer Trillion anderer Dinge schenken, aber sie haben dich gewählt.

Bevor du ein Geschäft aufbauen kannst, das Menschen hilft, musst du zuerst ein Mensch werden, der anderen Menschen hilft. Das ist kein Zufall. Wenn du zur Stütze einer Gemeinschaft wirst, wirst du mit den Problemen konfrontiert, vor denen die Mitglieder dieser Gemeinschaft stehen. Die Leute werden auf dich zukommen, dir von ihren Problemen erzählen und dich bei der Lösung um Hilfe bitten.

Der große Erfolg über Nacht ist ein Mythos

Ich habe lange gebraucht – bis ich dieses Buch schrieb! –, um zu kapieren, wie wichtig Gemeinschaften für meine Karriere waren. Die Entstehungsgeschichte von Gumroad, so wie ich sie erzähle, beginnt damit, dass ich als einer der ersten Entwickler bei Pinterest arbeitete. Nach wenigen Monaten saß ich an einem Freitagabend zu Hause und lernte, wie ich für ein Nebenprojekt ein fotorealistisches Icon entwerfen konnte. Das kam dabei heraus:

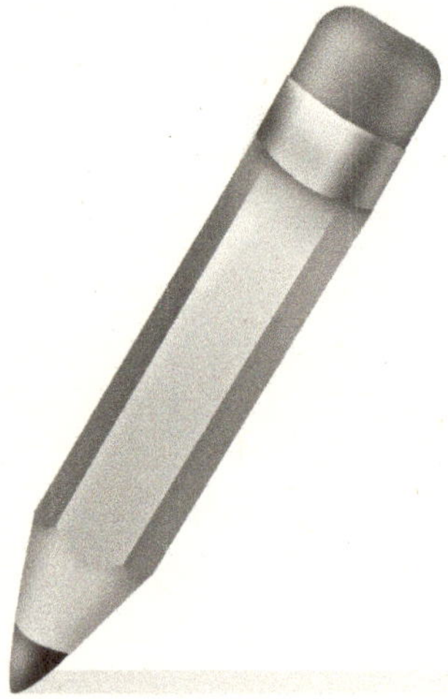

Ich habe vier Stunden dafür gebraucht, wenn ich mich recht erinnere. Aber wenn ich mit einer Quelldatei hätte arbeiten und sehen können, wie die ganzen Schatten und Highlights und Formen sich zusammenfügen, hätte ich nur die halbe Zeit gebraucht. Dafür hätte ich auch bezahlt, mindestens 1 Dollar. Und weil ich Teil einer Gemeinschaft ähnlich gesinnter Designer war, wusste ich auch, dass es anderen genauso ging. Ein paar dieser Designer folgten mir bei Twitter – alles potenzielle Kunden.

Ich sah mich online ein bisschen um in der Annahme, es sei unfassbar einfach, etwas Digitales an mein Publikum zu verkaufen, aber das war es nicht. Ich hätte dafür einen Online-Shop erstellen und eine Monatsgebühr bezahlen müssen. Ich hatte mir den Zeh an einem Problem gestoßen – ein Bild, auf das ich später in diesem Kapitel noch zurückkommen werde.

An jenem Wochenende erstellte ich Gumroad, brachte es am Montagmorgen online und verkaufte sogar ein paar von meinen Bleistift-Icons.

Aber in der klassischen Entstehungsgeschichte fehlt etwas. Ich war bereits zuvor auf ein ähnliches Problem gestoßen und hatte ähnliche Gedanken gehabt, hatte damals aber nicht Gumroad entwickelt. In einem Blogeintrag aus dem Jahr 2022 schrieb ich darüber, wie ich vergeblich versucht hatte, den Quellcode für eine Twitter-Client-App zu verkaufen, die ich für das iPhone erstellt hatte. Ich hatte ein paar Stunden nach einer Lösung gesucht und dann aufgegeben.

In der Zeit zwischen meiner ersten Idee, aus der schließlich Gumroad werden sollte, und dem zweiten Mal, dass ich darüber nachdachte, war viel passiert, aber die wichtigste Veränderung war, dass ich inzwischen meine Gemeinschaften gefunden und mich in ihnen etabliert hatte, indem ich etwas erschuf, beitrug, lernte und das Gelernte weitergab. Als ich die Idee ein zweites Mal hatte, hatte ich das Selbstvertrauen, das Publikum und die Erkenntnisse dazugewonnen, die ich brauchte, um ein bedeutungsvolles Problem schnell und effektiv lösen zu können.

Von außen sieht es alles einfach aus, aber es brauchte Zeit, nicht nur, um Teil der Gemeinschaft zu werden, sondern auch, um die Gemeinschaft auszuwählen, die ich bedienen wollte, und mich für das Problem zu entscheiden, das ich lösen wollte. Den großen Erfolg über Nacht gibt es in Wirklichkeit gar nicht. Die meisten Erfolge brauchen jahrelange Vorarbeit, so wie ich erst jahrelang lernen musste, bis ich Gumroad an einem Wochenende erstellen konnte.

Als ich mit dem Webdesign anfing, waren Eltern und Lehrer meine ersten Kunden (eine Sozialkundelehrerin brauchte eine Website für ihre Bücher, ein paar Eltern benötigten Hilfe mit dem Online-Auftritt einer örtlichen Benefizauktion). Mit der Zeit lernte ich gleichgesinnte Webdesigner kennen, etwa in Internetforen wie TalkFreelance, das sich selbst als ein »Forum für Webdesigner und freiberufliche Softwareentwickler« beschreibt, die sich fürs Programmieren, für Suchmaschinenoptimierung und mehr interessieren. Später entdeckte ich die Website Hacker News, auf der sich der Großteil des Silicon Valley versammelt. Erst las ich nur mit, dann schrieb ich Kommentare und erstellte schließlich Beiträge. Ich hatte meinen Twitter-Namen im Profil und auch in meiner E-Mail-Signatur, und so fanden sich immer mehr Leute, die mir folgen wollten!

Gemeinschaften waren wichtig für meine persönliche und meine berufliche Entwicklung. Dort fand ich Freunde und knüpfte Geschäftsbeziehungen. Ich treffe immer noch Menschen, die sich an meinen Namen oder mein Alias von damals erinnern. Ich verfolgte nie einen Plan. Ich wollte einfach nur Teil von Hacker News sein. Und dann schoss mit der Hilfe dieser Menschen Gumroad an jenem ersten Montagmorgen nach dem Start gleich ganz nach oben auf der Startseite von Hacker News und blieb dort den ganzen Tag. Das war zwar erst der Anfang meiner Geschichte, aber es bestätigte mir, dass ich die Menschen gefunden hatte, zu denen ich gehörte.

Die richtige Gemeinschaft auswählen

Sobald du Teil einer Gemeinschaft bist, kannst du eine Liste der Schwierigkeiten aufstellen, mit denen die Mitglieder konfrontiert sind, und du kannst darüber nachdenken, mit welchem Produkt oder welcher Dienstleistung du eines oder mehrere dieser Probleme lösen kannst.

Jede Gemeinschaft hat eigene Probleme, die nach einer maßgeschneiderten Lösung verlangen. Wahrscheinlich gehörst du zu mehreren Gemeinschaften, aber wenn du in einer Gemeinschaft etwas bewirken willst, das zu einem minimalistischen Unternehmen führt, dann solltest du dich auf eine Gemeinschaft konzentrieren, in der du Folgendes kannst (und auch willst): 1. langfristige Werte erschaffen; 2. auf Jahrzehnte hin ausgelegte Beziehungen aufbauen und 3. deine eigene authentische Stimme herausarbeiten. Dem minimalistischen Unternehmer, der etwas bewirken will, hilft die Gemeinschaft, fokussiert zu bleiben: Statt die Welt zu verändern, kann man die Welt der Gemeinschaft verändern.

Sich einfach irgendeine Gemeinschaft auszusuchen, reicht nicht; man muss auch die eigenen Interessen berücksichtigen. Du könntest zu vielen Gemeinschaften gehören, aber das heißt nicht automatisch, dass du auch einen gehörigen Teil deiner Lebenszeit darauf verwenden willst, ihre Probleme zu lösen. Es sollte eine Überschneidung zwischen der Gemeinschaft und ihren Problemen und einer deiner Leidenschaften geben, sonst wirst du wahrscheinlich nicht glücklich mit einer geschäftlichen Tätigkeit in diesem Bereich – wenn man seine Kunden verachtet, ist das nicht optimal.

Zwei Eigenschaften entscheiden, ob eine Gemeinschaft ideal für dich ist, um dich auf sie zu konzentrieren: ihre Größe und wie viel Geld die Mitglieder bereit sind, auszugeben. (Anders ausgedrückt: der adressierbare Gesamtmarkt [total addressable market, TAM]). Das Ziel ist hierbei nicht, die größte Gemeinschaft mit dem meisten Geld zu finden und sich dann ein Prozent davon zu schnappen. Du solltest besser irgendetwas im Mittelfeld finden. Ist die Gemeinschaft zu klein, dann wirst du damit kein tragfähiges Geschäft aufbauen können. Ist sie zu groß, dann wird es zu teuer, bis sich das Unternehmen selbst trägt – und man ruft unterwegs Konkurrenten auf den Plan, mit denen man sich dann ein Rennen zum tiefsten Punkt der Preisspirale liefern muss, das man womöglich nicht überlebt.

Die beste Chance hat man, wenn man der oder die Einzige ist. Und das erreicht man am ehesten, indem man sich eine Gruppe aussucht, die eine gute Größe hat und Probleme, für deren Lösung die Mitglieder Geld ausgeben würden, und die unterversorgt ist (wahrscheinlich, weil sie zu klein ist, als dass sich Konkurrenten dafür interessieren würden).

Tope Awotona, der Gründer von Calendly, gründete drei verschiedene Unternehmen für drei völlig unterschiedliche Gemeinschaften, bevor er im Jahr 2012 schließlich die Terminplanungssoftware entwickelte. Im Jahr 2020 meldete Calendly fast 70 Millionen Dollar Jahresumsatz, mehr als das Doppelte des Jahresergebnisses von 2019.[30] Doch Awotonas erstes Unternehmen war eine Dating-App gewesen, die nie wirklich abgehoben hatte. Sein zweites Projekt war projectorspot.com, über das er (offensichtlich) Projektoren verkaufen wollte, aber die Zahlen waren schlecht und die Gewinnspanne klein. Daraufhin versuchte er es mit einem dritten Start-up und verkaufte Grills, aber er sagt selbst darüber: »Ich hatte keine Ahnung von Grills und interessierte mich auch nicht dafür. Ich lebte in einer Wohnung und hatte noch nie gegrillt.«[31] Er gehörte also gar nicht zur Grill-Community und wollte auch nie dazugehören!

Bei Calendly wählte er einen anderen Ansatz. Er hatte früher als Handelsvertreter gearbeitet und wusste, wie mühselig es war, per E-Mail Termine zu vereinbaren. Auch beim Verkauf seiner eigenen Produkte als Unternehmer hatte er solche Terminierungsprobleme gehabt. Als seine anderen Projekte nicht in Fahrt kamen, erkannte er darin eine Marktlücke und beschloss, sie für die Gemeinschaft der Handelsvertreter, die ihm wichtig war und die er verstand, zu schließen. Er sagt: »Etwas Wirkungsvolles zu erschaffen, das Menschen nützt und von dem man weiß, dass die Menschen dafür ihre Geldbeutel öffnen und bezahlen – das kann man nicht einfach nur für Geld machen.«

Viele Menschen sind von der Terminplanung genervt, aber Awotona konzentrierte sich auf Probleme, die speziell Handelsvertreter hatten. So konnte er ein Problem eingrenzen, das er lösen und mit dem er Geld verdienen konnte.[32]

Was bedeutet das für dich? Zunächst einmal solltest du dich in diesen Gemeinschaften engagieren, wo auch immer sie sein mögen, offline oder online. Dann solltest du etwas beitragen, dein Wissen weitergeben und vor allem zuhören. Schließlich kannst du mit den oben genannten Filtern die richtige Gemeinschaft auswählen, der du helfen willst.

Dein nächstes Problem lautet dann: Für welches Problem entscheide ich mich?

Die Auswahl des passenden Problems

Der verstorbene Clayton Christensen beschrieb die Auswahl des passenden Problems als eine Gelegenheit, den Kunden dabei zu helfen, in einem bestimmten Moment das zu erreichen, was sie erreichen wollen. In einem Artikel aus dem Jahr 2016 für die Harvard Business Review schrieb er: »[Großartige Unternehmen] sollten sich auf die Fortschritte ausrichten, die der Kunde unter den gegebenen Umständen machen will – was der Kunde erreichen will: die Aufgabe, die es zu erledigen gilt.«[33]

Ein Beispiel: Millionen Menschen kaufen die Milkshakes von McDonald's. Warum? Weil McDonald's festgestellt hat, dass die Aufgabe, die es zu lösen galt, darin bestand, einsame Autofahrer auf ihrer Fahrt zur Arbeit zu begleiten. »Fast die Hälfte der Milkshakes wurden am frühen Morgen verkauft. [Die Kunden] kauften nur das, waren immer allein und stiegen immer damit ins Auto und fuhren davon.«[34] Auch aus diesem Grund sind die Milkshakes von McDonald's so dickflüssig: So hat man eine ganze einsame Autofahrt lang etwas davon.

Die Marketing-Abteilung von McDonald's kann am Schreibtisch ein Problem erschaffen, das sich nur mit ihrem Essen lösen lässt. Dann kann die Firma Millionen von Dollar für Werbung ausgeben, um die

Menschen davon zu überzeugen, dass sie dieses Problem tatsächlich haben und dass sie einen »Milkshake« engagieren können, der das Problem für sie löst.

Christensens Idee von »der Aufgabe, die es zu erledigen gilt« hat Hand und Fuß, aber McDonald's geht die Sache vom falschen Ende her an. Das Unternehmen hat nicht beim Kunden angefangen, sondern bei der Aufgabe und dann eine Unmenge Geld versenkt, um den Kunden einzureden, dass jemand die Aufgabe für sie erledigen muss.

Minimalistische Unternehmer haben keine Millionen Dollar zur Verfügung, und sie wollen auch keine Probleme künstlich erschaffen. Wir finden, dass die Menschen schon genug Probleme haben und dass unsere Aufgabe darin besteht, sie von einem davon zu erlösen.

Deswegen ist es so wichtig, mit der Gemeinschaft anzufangen. Wenn du versuchst, etwas für alle zu machen, braucht und will dein Produkt am Ende wahrscheinlich niemand wirklich. Wenn du die Menschen, denen du helfen willst, kennenlernst, dann wirst du ihre Probleme viel leichter erkennen. Probleme gibt es mehr als Unternehmen. Man muss sie nur finden.

Immer noch Schwierigkeiten? Dann schnapp dir Stift und ein Blatt Papier mit drei Spalten. In die linke Spalte schreibst du, welcher Person/Gemeinschaft du helfen willst. In die Mitte schreibst du, womit diese Leute ihre Zeit verbringen (Zwiebeln kaufen, freitagabends Bleistift-Icons erstellen, malen). In der rechten Spalte notierst du, welche Problem sich bei der jeweiligen Aktivität ergeben. Die Liste sieht dann vielleicht so aus wie in der Abbildung oben auf S. 59.

Die leere rechte Spalte ist wie eine leere Leinwand, eine leere Seite oder ein leerer Businessplan. Du willst ein Unternehmen gründen, um ein Problem zu lösen, aber dir fehlt noch das Problem.

Wenn dir das schwerfällt (wie vielen), dann hilft vielleicht ein wenig wirtschaftliches Grundwissen. Es gibt vier verschiedene Arten von wirtschaftlichem Nutzen: Ortnutzen, Gestaltnutzen, Zeitnutzen und Besitznutzen. Wo kannst du etwas für andere leichter verständlich, schneller, billiger oder besser verfügbar machen?

PERSON	HOBBY/AKTIVITÄT	PROBLEM
EHEFRAU		
MAMA		
MALER	MALER	
ICH		

- Ortnutzen: Etwas Unverfügbares wird verfügbar gemacht.
- Gestaltnutzen: Etwas gewinnt an Wert, indem man bestehende Teile neu anordnet.
- Zeitnutzen: Etwas Langsames wird schneller gemacht.
- Besitznutzen: Ein Mittelsmann wird ausgeschaltet.

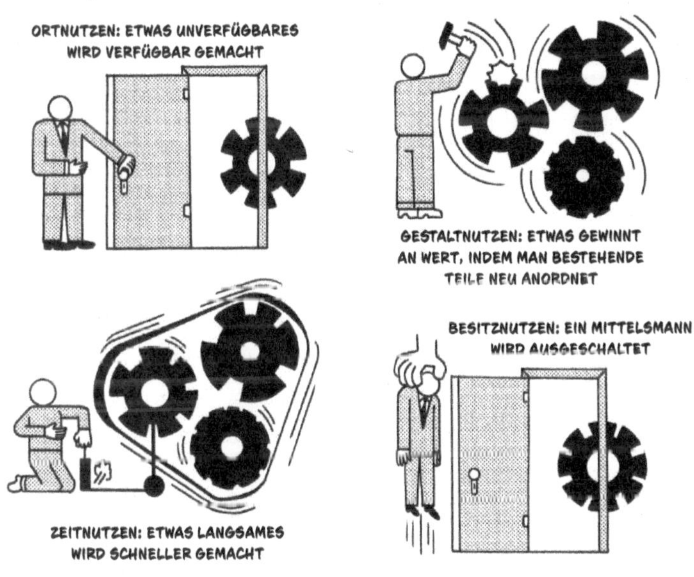

Du versuchst nicht, wie McDonald's, neue Probleme zu erfinden, die du dann lösen kannst. Stattdessen suchst du nach Ineffizienzen im Leben der Menschen, die dir wichtig sind, damit du ihnen helfen kannst. Wenn das zu abstrakt klingt, dann hilft es vielleicht, die vier Nutzenarten in Kontext zu setzen.

Ein Unternehmen, das in Ecuador Kaffee anbaut und in San Francisco verkauft, verändert die »Ortseigenschaft« der Kaffeebohnen. Für diesen Ortnutzen bezahlt man einen Aufschlag.

Wenn ein Café Kaffeebohnen von einem Großhändler kauft und mahlt, dann bezahlen die Kunden einen Aufschlag für den Gestaltnutzen. (Theoretisch bezahlen sie auch für den Ortnutzen, wenn das Café näher an ihrem Aufenthaltsort ist als der Händler. Bei vielen Geschäften handelt es sich um eine Kombination verschiedener Nutzenarten.)

Wenn im Café auch Croissants verkauft werden, für deren Herstellung man selbst drei Tage brauchen würde, dann bezahlt man außerdem einen Aufschlag für den Zeitnutzen.

Und wenn man lieber in einen Croissant-Backautomat investiert, um so eigene Croissants herzustellen, statt immer wieder dafür zu bezahlen, handelt es sich um einen Besitznutzen.

Ein Unternehmen, das Zeitnutzen anbietet, ist die App theCut, die Friseure mit Kunden verbindet und es einfacher macht, einen Friseur zu finden, einen Termin zu vereinbaren und für die Dienstleistung zu bezahlen.[35] Den Gründern, Obi Omile und Kush Patel, kam die Idee, als sie selbst stundenlang nach einem Herrenfriseur suchten, den sie mochten und dem sie vertrauten. Auf einen Termin bei den besten Friseuren wartete man oft stundenlang, weil viele noch ein informelles Buchungssystem nutzten. TheCut bietet beiden Seiten einen Nutzen. Den Kunden spart sie Zeit, und die Friseure finden neue Kunden (Besitznutzen), brauchen weniger Zeit, um mit bestehenden Kunden zu kommunizieren (Zeitnutzen), und werden mobil bezahlt (Gestaltnutzen).

Omile und Patel haben ein großartiges Geschäft aufgebaut, weil sie die Probleme verstanden haben, mit der sich die Gemeinschaft, der sie dienen wollten, herumschlug. Sobald man sich für eine Gemeinschaft entschieden hat, wird der Weg zur richtigen Lösung deutlich.

Das eigene Problem lösen

Alle Menschen haben Probleme, »stoßen sich den Zeh« irgendwo. Vielleicht findest du dein Leben ganz okay, und den Menschen in deiner Umgebung geht es genauso. Oder vielleicht sind die Probleme so offensichtlich, dass du schon weißt, was du machen willst.

Aber nach meiner Erfahrung merken es die meisten Menschen gar nicht richtig, wenn etwas viel schwieriger oder schmerzhafter ist, als sie es ursprünglich erwartet haben. Das Gehirn passt sich schnell an den neuen Zustand an. Es nimmt einfach an, dass es so schwer sein soll oder dass es einen guten Grund dafür gibt, dass es so schwer ist, oder dass es zu lästig wäre, etwas daran zu ändern. Ich finde, das ist der falsche Ansatz, um das Leben zu meistern. Das Leben wird immer besser, und du kannst die Geschwindigkeit noch erhöhen.

Auch für die Entwickler der App Basecamp gab es einen solchen Moment, als sie nach dem geeigneten Tool suchten, um ihre Produkte und Kunden zusammenzubringen. Der Firmengründer Jason Fried sagt: »Wir suchten nach einem Tool, das das konnte, fanden aber nur uraltes Zeug. Für uns ging es beim Projektmanagement vor allem um Kommunikation. Kein Softwarehersteller schien das damals genauso zu sehen. Daher beschlossen wir, etwas Eigenes zu machen.«[36]

Als das Team damit an den Markt ging, waren sie schon fest in die Community des Online-Produktmanagements und der Webdesigner eingebunden, hatten einen gut besuchten Blog und Dutzende Kunden. Wie hat ihnen das geholfen?

In Jasons Worten: »Wir legten früh fest, dass wir zufrieden sein konnten, wenn wir nach einem Jahr 5000 Dollar pro Monat generieren können (oder etwa 60.000 Dollar Jahresumsatz). Tatsächlich erreichten wir diese Zahl nach etwa sechs Wochen. Wir waren da also an etwas ganz Großem dran.«[37] Als sie der Community ihr Produkt präsentierten, stellte sich heraus, dass viele andere Mitglieder auf dieselbe Hürde gestoßen waren.

Wenn man selbst ein Problem hat, dann haben es wahrscheinlich auch andere. Wie viele andere Köche hatte auch Nick Kokonas regelmäßig das Problem, dass bei Buchungen in seinen Restaurants in Chicago einfach niemand auftauchte und er dadurch Umsatz verlor. Um sein eigenes Problem zu lösen, gründete er mit anderen die Tock-App, über die man ganz traditionell einen Tisch im Restaurant buchen kann oder über ein Ticketsystem, bei dem Gäste für ihre Reservierungen und spezielle Veranstaltungen im Voraus bezahlen können.[38] Außerdem können Restaurants höhere Preise verlangen, wenn man zu einer besonders beliebten Zeit reservieren will. Vor 2020 war Tock in 30 Ländern und 200 Städten nutzbar und wurde von Tausenden Restaurants eingesetzt, darunter einigen der besten weltweit. Während der COVID-Pandemie führte Tock mit Tock to Go eine Neuerung ein, die es Kunden erlaubte, Mahlzeiten zur Abholung in Restaurants zu bestellen, die bisher keinen Liefer- oder Abholdienst angeboten hatten.[39]

All diese Unternehmen und viele mehr hatten als Ausgangspunkt eine Gemeinschaft. Denn wenn man ein Problem, das man für andere löst, auch selbst hat, kann man viele Fliegen mit einer Klappe schlagen. Und wenn man ein Produkt erstellt, das ein eigenes Problem löst, hat man mindestens einen Nutzer – mehr als viele Start-ups je haben. Außerdem kann man sich von diesem Nutzer jede Sekunde am Tag Rückmeldungen holen!

Die richtige Lösung entwickeln

Die meisten Geschäftsideen funktionieren nicht, auch wenn sie Lösungen für ein echtes Problem anbieten. Oft liegt es daran, dass nicht das Richtige mit der richtigen Einstellung entwickelt wird, selbst wenn es grundsätzlich etwas ist, das Menschen gebrauchen können. Welches Geschäft kann man also aufbauen ohne einen einzigen Dollar Risikokapital, das zu den eigenen Fertigkeiten und Ressourcen und zur Zielsetzung passt und das auf dem Markt überleben kann?

Eine wichtige Frage ist außerdem: Wenn das Produkt sein Potenzial ausschöpft, wie könnte es dann die Welt positiv beeinflussen? Das sollte der Leitgedanke der Gründer eines Unternehmens und all seiner Mitarbeiter sein, nicht die Verlockungen eines Börsengangs.

Die folgenden Kriterien verwende ich:

- **Werde ich es mögen?** Ein Unternehmen aufzubauen ist schwere Arbeit und braucht Zeit. Es wird Jahre dauern. Und je mehr Erfolg man hat, umso länger wird man daran arbeiten. Man sollte also unbedingt etwas finden, an dem man auch wirklich arbeiten will, für Menschen, für die man arbeiten will. Um geschäftlich erfolgreich zu sein, muss man etwas anbieten, das den Menschen gefällt. Um dabeizubleiben, muss man etwas anbieten, an dem man selbst gern arbeitet.
- **Bietet es sich an, damit Geld zu verdienen?** Du willst den Menschen für ihr Geld etwas Wertvolles anbieten, und das sollte deutlich werden. Wenn deine Kunden verstehen, wofür sie bezahlen, werden sie es tun.

- **Gibt es einen internen Wachstumsmotor?** Im Jahr 2020 verdoppelte sich der Umsatz von Gumroad fast, allein durch Mundpropaganda. In unserem Fall kann man das Produkt nur benutzen, wenn man es mit anderen teilt. So konnten wir unseren Verkaufs- und Werbeaufwand »auslagern«, weil unser Kundenstamm diese Arbeit für uns erledigt, wenn die Kunden unserer Kunden die Plattform nutzen. Das ist bei vielen minimalistischen Unternehmen ähnlich, vor allem, weil man ein großartiges Produkt anbietet, von dem die Leute anderen erzählen und das sie letztendlich auch selbst verwenden wollen.
- **Bringe ich die richtigen Voraussetzungen mit, um dieses Unternehmen aufzubauen?** Ein Beispiel: Wenn für den Aufbau des Geschäfts viele Akquise- oder Verkaufsgespräche notwendig sind, man sich aber davor graust, mit Leuten zu reden, dann passt es wahrscheinlich nicht. Da draußen warten viele Unternehmen darauf, gegründet zu werden – suche dir das Passende für dich aus.

In keinem Buch steht alles, was du für den Aufbau irgendeines Unternehmens wissen musst. Das Wichtigste ist, durch welche Denkprozesse du selbst herausfindest, was zu tun ist. Du brauchst die richtige Einstellung und musst wissen, welche Fragen du dir stellen musst. Alles beginnt und endet damit, dass du dein Geschäft als ein Werkzeug betrachtest, mit dem sich das Problem eines Kunden lösen lässt, nicht als Lottoschein.

Die eigenen Zweifel ausräumen

Auch wenn du eine Idee hast, auf die du dich freust und bei der du zuversichtlich bist, dass du sie umsetzen kannst, werden dir irgendwann Zweifel kommen. Umgib dich mit Kollegen und Mentoren, die nicht nur ehrlich zu dir sind, sondern dich auch ermutigen, wenn es schwierig wird. Schließlich braucht man nicht nur Ratschläge, sondern auch Cheerleader. Inspirierende (und inspirierte) Gründer und Anführer werden nicht geboren, sondern gemacht. Mit ausreichend Geduld, Anleitung und Ernsthaftigkeit kann es fast jeder schaffen.

Ein minimalistisches Unternehmen kann dich da abholen, wo du gerade stehst. Es kann mit dir gemeinsam wachsen (mehr dazu in Kapitel 6). Ich müsste lügen, wenn ich behaupten würde, dass Talent gar keine Rolle spielt, aber langfristig macht vor allem eine Menge Beharrlichkeit große Gründer und große Unternehmen aus. Eine Möglichkeit, die Erfolgschancen zu maximieren, ist, sich auf ein kleineres Produkt zu konzentrieren, auf eine Gemeinschaft, zu deren Kern man gehört, und ehrlich einzuschätzen, ob man das Problem effektiv löst oder nicht. Daher ist es so wichtig, überlegt an eine Gemeinschaft zu verkaufen, zu der man bereits eine Beziehung aufgebaut hat.

Wenn du Zweifel hast – und die wirst du haben –, erinnere dich daran, dass du bereits mit der Arbeit begonnen hast. Inzwischen wirst du 1. ein Problem ausgemacht haben, das zu deiner Zielsetzung passt, und das du lösen willst; und 2. Ideen gesammelt haben, wie du ohne externe Finanzierung ein Unternehmen aufbauen kannst, das dieses Problem profitabel und selbsttragend lösen kann. Jetzt musst du nur noch eines tun: immer weitermachen.

DAS WICHTIGSTE IN KÜRZE

- Die Gemeinschaft führt dich zu dem Problem, das dich zum Produkt führt, das dich zum Unternehmen führt.
- Sobald du eine passende Gemeinschaft gefunden hast, werde zu einem aktiven Mitglied, um eine Stütze dieser Gemeinschaft zu werden.
- Wähle das richtige Problem aus (das du wahrscheinlich selbst hast) und lasse dir bestätigen, dass auch andere sich damit herumschlagen. Überprüfe dann, dass das Geschäft auch zu dir passt.
- Wenn dich Zweifel überkommen, greife auf die Gemeinschaft zurück. Dort wirst du Unterstützung bekommen, damit du weitermachen und letztendlich Erfolg haben kannst.

Lesetipps

- Lies den Blogeintrag »1,000 True Fans« von Kevin Kelly.
- Lies das Buch *Get Together* von Bailey Richardson, Kai Elmer Sotto und Kevin Huynh.
- Lies den Artikel »How We Gather« von Casper ter Kuile und Angie Thurston.
- Hör dir die Folge mit Tope Awotona von Calendly des Podcasts »How I Built This« von Guy Raz an.
- Folge Anne-Laure Le Cunff bei Twitter (@anthilemoon). Sie leitet eine erfolgreiche Online-Community für Maker, Community Builder, Kreateure und mehr.

3

SO WENIG AUFBAUEN WIE MÖGLICH

Stelle *etwas* her, das die Leute wollen.[40]

– Y COMBINATOR

Stelle etwas her, das *die Leute* wollen.

– ICH

Im vorigen Kapitel ging es darum, wie man ein Problem aufspürt, das es wert ist, gelöst zu werden, für Menschen, die es wert sind, dass man es für sie löst. In diesem Kapitel erkläre ich, wie man seine Idee weiterentwickelt und wie man herausfindet, was man jetzt gleich tun muss und was warten kann, bis man im Geschäft ist. Wissen ist wichtig, aber Dynamik ist es auch. Man will sich nicht in Überlegungen verzetteln, welche Programmiersprache man lernen sollte, sodass man mit der Arbeit an der Traum-App gar nicht erst anfängt. Vor allem am Anfang müssen sich minimalistische Unternehmer auf das Wesentliche beschränken und dürfen nicht versuchen, alles auf einmal zu lernen und zu machen.

Autoren wird oft geraten, sie sollen über »etwas schreiben, das sie kennen«, doch bei Unternehmern ist es nicht ganz so einfach. Wer ein Geschäft aufbaut, hat oft eine Vision – von einem Produkt, einer Dienstleistung, einem Geschäftsmodell –, die es bisher nicht gab. Abgesehen davon haben die meisten erfolgreichen minimalistischen Unternehmer einen soliden Hintergrund in (oder ein Interesse an) einem Aspekt des Geschäftes, das sie aufbauen möchten, selbst wenn sie nicht alles darüber wissen oder noch unsicher sind, wo sie anfangen sollen.

Bei mir war dieser Hintergrund die Entwicklung von hübscher, barrierefreier Software. Als der iPhone-App-Store im Jahr 2008 online ging, gehörte ich zur ersten Welle an Entwicklern. Nicht etwa, weil ich unbedingt ein Unternehmen gründen wollte, sondern weil ich meiner Leidenschaft und Neugier nachging.

Wie ich in meinen Gesprächen mit aufstrebenden Gründern feststellen musste, beschließen die meisten leider an diesem Punkt, dass sie sich doch nicht für den Aufbau eines Unternehmens eignen. Sie haben die Leidenschaft, aber sie lassen sich von Selbstzweifeln zu der Überzeugung verleiten, dass sie nicht die Fertigkeiten mitbringen, die sie ihrer Meinung nach brauchen, etwa in der iOS-Programmierung oder der Finanzplanung. Und jetzt verrate ich dir ein Geheimnis: Alle Gründer, auch die erfolgreichsten, haben am Anfang keine Ahnung, lernen aber stets dazu. Wichtig sind Interessen, nicht Fertigkeiten. Konzentriere dich auf das, was du kannst, und nicht auf das, was du nicht kannst.

Du brauchst kein Team oder Geld und auch keinen Hochschulabschluss, um etwas aufzubauen. Du brauchst nichts auszuliefern oder zu programmieren, um deine Idee zum Leben zu erwecken – zumindest am Anfang nicht. Vielleicht brauchst du diese Fertigkeiten später, aber wenn du ein Produkt hast, das die Leute zu schätzen wissen, dann lassen sich diese Dinge einfacher beschaffen, als du denkst. Oft finden sie dich. Wenn du dich mit echter Leidenschaft an die Lösung eines Problems machst, kannst du alle Hindernisse auf deinem Weg überwinden, eins nach dem anderen. Wenn deine Mission darin besteht, deinen Kunden zu dienen, dann kannst du alles lernen, was du wissen musst, und den Rest delegieren. Finde einfach heraus, wo sich deine Fertigkeiten, dein Wissen und deine Vorkenntnisse mit dem Geschäft, das dir vorschwebt, überschneiden, und nutze deine Stärken. Warte nicht auf eine Erlaubnis. Fang einfach an.

Die Gründerin und Firmenchefin von Interintellect Anna Gát wollte unbedingt Plattformen entwickeln, auf der Menschen friedlich ihre Ansichten austauschen konnten, und so der zunehmenden Polarisierung im öffentlichen intellektuellen und politischen Raum entgegenwirken. Der Gedanke war ihr erstmals zwischen dem Brexit und den US-Wahlen 2016 gekommen. Gát merkte, dass sich die Gesellschaft enorm veränderte, und wollte die Welt der Zukunft mitgestalten. Es war eine gewagte Idee, aber sie hatte einige Jahre zuvor bereits eine ähnlich anspruchsvolle Aufgabe bewältigt. Damals hatte sie die führende Website zu Frauenrechten in Ungarn mitgegründet, über die auch Veranstaltungen organisiert wurden, und war dafür von der Zeitschrift Glamour als Frau des Jahres ausgezeichnet worden. Jetzt arbeitete sie daran, Räume zu schaffen, in denen Menschen mit unvereinbaren Meinungen unter Anleitung von Vermittlern zusammenkommen konnten. Ihr erster Versuch war eine Plattform für Akademiker, auf der Diskussionen und Forschungen stattfinden konnten. Doch nach wenigen Monaten stellte sie fest, dass die Arbeit mit dieser Gemeinschaft sehr viel langsamer voranging, als sie erwartet hatte. Ihr Konzept war nicht skalierbar.

Die zweite Version ihres Produkts, eine Messenger-App, die öffentliche Diskussion durch künstliche Intelligenz ermöglichen sollte, war sogar noch ehrgeiziger. Zwei Jahre lang steckte sie all ihre Energie, all ihr Geld und all ihre Zeit in die Entwicklung einer neuen Plattform, legte Nachtschichten ein und gab jeden Dollar, den sie besaß, für Testläufe und Entwicklung aus. Leider waren viele Leute, die im Vorfeld angegeben hatten, sie würden die App nutzen, doch nicht mehr interessiert, als das Veröffentlichungsdatum näher rückte.

»Ich war fest entschlossen, ein IT-Projekt auf die Beine zu stellen«, sagt sie, und weil sie bereits so viel Zeit und Geld in das Unternehmen gesteckt hatte, wollte sie es nur ungern aufgeben. In der Zwischenzeit organisierte sie jedoch persönliche Treffen, Salons, bei denen Menschen ihre Meinungen und Ideen austauschen konnten. Sie betrachtete diese Zusammenkünfte nicht als Geschäft, aber sie merkte wohl, dass sie unbeabsichtigt die lebendige intellektuelle Gemeinschaft erschaffen hatte, nach der sie gesucht hatte – nur geschah es eben durch die Salons statt über die App.

Sie hatte ihr ganzes Berufsleben in der IT gearbeitet, daher fühlte sich der Aufbau eines Unternehmens gänzlich ohne Technologie kontraintuitiv an. Trotzdem gab sie die App auf und arbeitete nun an der »umfassenderen« Vision, da ihr die Salon-Gemeinschaft so viel Energie und Freude brachte. Inzwischen wächst Interintellect selbstständig, und ihre ursprünglichen Träume werden nun als Low-tech-Version Realität, durch eine systematisierte Lösung, die widerspiegelt, was ihre Kunden wollen und brauchen.

Später in diesem Kapitel geht es noch einmal um Interintellect, aber ich verstehe, warum so viele Menschen erst einmal an Software oder IT denken, wenn sie ein Unternehmen gründen wollen. Ich finde es auch toll, aber es engt zu Beginn des kreativen Prozesses viel zu sehr ein. Dabei steht gleich viel zu viel auf dem Spiel, es ist zu ernst, zu teuer und zu stressig! Das heißt nicht, dass man für den Anfang keine Strategien aus der technischen Entwicklung anwenden sollte. Aber man sollte nicht versuchen, die Prozesse, die das minimalistische Unternehmen vorantreiben sollen, gleich durch Programmieren in Gang zu setzen.

Die Welt wird dir sagen, dass du gleich richtig durchstarten oder es ganz bleiben lassen sollst. Ich aber sage dir: Fang klein an. Und es geht nicht kleiner, als wenn man gar nichts aufbaut. Bleib erst einmal bei Stift und Papier, statt direkt auf Software zu setzen.

Erster Schritt: Der Prozess

Jede Idee fängt einmal klein an. Wer nicht klein anfängt, wer nicht einzelnen Menschen helfen kann, wird Schwierigkeiten haben, die Idee zu einem Geschäft auszubauen. Lass dein Ego und deine Bedenken wegen Finanzierung und Software außen vor und konzentriere dich auf deine ersten Kunden. Setze deine Zeit und dein Können ein, um echte Probleme für echte Menschen zu lösen.

Wenn die Leute dich kennen, dir vertrauen und sich womöglich sogar für fachlichen Rat an dich wenden, solltest du eine systematische, wiederholbare Methode entwickeln, um ihnen zu helfen, die sich ständig verbessern und weiterentwickeln lässt. Dokumentiere, während du den ersten Kundenzyklus durchläufst, jeden Teil der Abläufe, sodass mit jedem weiteren Kunden ein Leitfaden entsteht. Diese Dokumentation beschreibt das eigentliche MVP deines Unternehmens. Damit ist nicht etwa das Minimum Viable Product (etwa: Minimalprodukt) gemeint, das alle entwickeln und auf den Markt bringen wollen, sondern der Manuable Valuable Process (etwa: manueller Wertschöpfungsprozess), der dem Minimalprodukt vorausgeht und die Basis für das Unternehmen bilden wird, das du aufbauen willst.

Wenn du diesen manuellen Wertschöpfungsprozess systematisch erstellst und die einzelnen Schritte auf dem Weg dorthin aufzeichnest, wirst du leichter herausfinden, was funktioniert und was nicht. So kannst du auch einfach feststellen, ob du etwas machst, das die Leute tatsächlich wollen und kaufen werden. Derek Sivers, der Gründer von CD Baby, schreibt in seinem Buch *Anything You Want*: »Wenn du einen Filmempfehlungsdienst aufbauen willst, fange damit an, dass du deinen Freunden anbietest, ihnen Filme zu empfehlen. Wenn deinen

Freunden dann tatsächlich eine deiner Empfehlungen gefällt, sollen sie dich auf einen Drink einladen. Halte fest, was du empfiehlst und wie es deinen Freunden gefallen hat, und verbessere so dein Angebot immer weiter.«[41]

Im Deutschen gibt es dafür sogar ein eigenes Wort

prozessualisieren (Verb)

aus einem Ablaufplan einen Prozess erstellen
Nachdem sie es an ihren Freunden getestet hatten, prozessualisierten sie ihr Empfehlungssystem.

Das Wort steht noch nicht im Duden, sollte es aber, weil es ein so wichtiger Schritt ist, wenn man ein Unternehmen auf die richtige Art aufbauen will. Leider lassen viele diesen Schritt aus, kommen ins Straucheln und scheitern am Ende, weil sie direkt vom Problem zum Produkt gehen, bevor sie genau herausgefunden haben, was sie aufbauen sollten und wie. Aber die Prozessualisierung ist ein günstiges und schnelles Lernverfahren, das entscheidend ist. Naval Ravikant sagt: »Die Entwicklung eines Produkts ist eine Entdeckungsreise, keine reine Umsetzung. Technologie ist angewandte Wissenschaft.«[42]

Ohne Prozessualisierung glaubt man vielleicht, man wüsste, was die Kunden wollen, vielleicht haben es Kunden sogar so gesagt und auch, was sie dafür bezahlen würden. Aber wie Anna Gát erfahren musste, sind Worte nur Schall und Rauch. Erst wenn man das Problem des Kunden gelöst hat und (am Ende) dafür bezahlt wurde, weiß man, was der Kunde will und wofür er bereit ist, Geld auszugeben. Man muss das Problem eines Kunden anständig lösen, selbst wenn die Lösung nicht perfekt ist, bevor man das Geschäftsmodell skalieren kann. Wenn es funktioniert, großartig. Wenn nicht, merkt man vielleicht, dass man selbst zwar skalieren will, das Angebot den Kunden aber ziemlich kalt lässt. Wenn das der Fall ist, sollte man sich vielleicht etwas anderes überlegen.

Ein minimalistisches Unternehmen, das nach diesem Prinzip aufgebaut wurde, ist Endcrawl.com. Der Gründer John »Pliny« Eremic leitete acht Jahre lang eine Postproduktionsfirma für Filme, und ihm fiel auf, dass manche Filmemacher Mühe hatten, den Abspann zusammenzustellen, in dem alle Menschen, Orte und Organisationen aufgelistet werden, die im Film auftauchen oder zur Filmproduktion beigetragen haben. Eremic und sein Mitgründer Alan Grow waren überzeugt, dass das besser ging, und die offensichtliche Antwort war eine Software, die die endlosen Änderungen und Updates verwaltete, die diesen Vorgang so erschwerten. Dennoch machten sie sich nicht gleich ans Programmieren. Stattdessen erstellten sie ein Google Sheet und ein einfaches Perlskript, um den Abspann zusammenzustellen. So wollten sie mehr über ihre Kunden erfahren und einige ihrer wichtigsten Annahmen überprüfen.[43] Ihr erster Ablaufplan sah ungefähr so aus:

- Kunden bekommen ein Google Sheet mit ihrer Liste für den Abspann, die nach Kundenvorgaben formatiert ist.
- Kunden können das Google Sheet so viel und so häufig überarbeiten, wie sie wollen.
- Wenn die Kunden ein neues »Rendering« oder eine Videoausgabe ihres Abspanns wünschen, fordern sie das per E-Mail an.
- Pliny oder Alan konvertieren das entsprechende Google Sheet manuell ins CSV-Format.
- Dann lassen sie manuell das Perlskript über die CSV-Datei laufen.
- Danach werden die Dateien manuell bei Dropbox hochgeladen.
- Schließlich erhält der Kunde per E-Mail den Link zum Download.[44]

Für Filmemacher, die es gewohnt waren, bis zu 24 Stunden auf einen neuen Abspann zu warten, war es eine Offenbarung, dass dieser Vorgang sogar manuell nur etwa 15 Minuten dauerte. So behielten die Kunden außerdem die Kontrolle über ihre Daten und konnten zum Festpreis ihren Abspann unendlich oft überarbeiten, bis er perfekt war. So wurde das Leben der Kunden ein klein wenig besser. Und für Pliny und Alan bot sich die Chance auf eine Entdeckung.

Aufgebaut wird zuletzt

Deinen ersten Kunden hast du bereits geholfen, aber vielleicht weißt du immer noch nicht genau, wie die Lösung für das Problem, das du für deine Gemeinschaft lösen willst, genau aussehen soll. Eine einfache Möglichkeit für den Anfang, bei der du auch experimentieren kannst, ist die Arbeit als Freiberufler. Wenn man die eigene Zeit verkauft, lässt sich das lange nicht so gut skalieren wie andere Geschäftsarten, aber man generiert schnell einen positiven Cashflow und verschafft sich so etwas Luft, um über die nächsten Schritte nachzudenken.

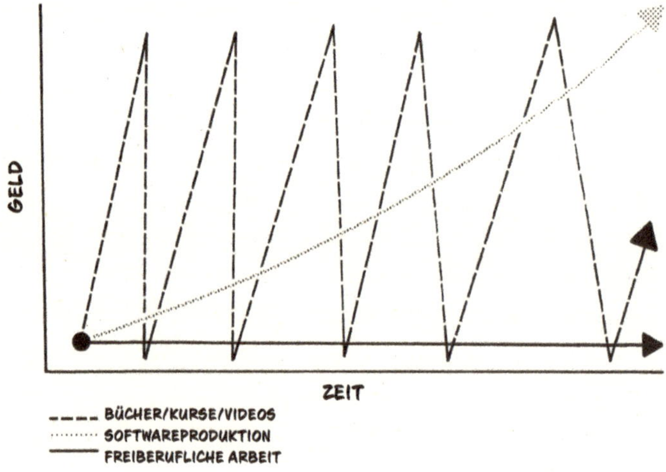

Verdienstmöglichkeiten als Selbstständiger für Entwickler[45]

Viele der besten minimalistischen Unternehmen sind aus freiberuflicher Arbeit oder aus Nebenprojekten heraus entstanden, bevor sie sich zu rentablen Unternehmen mit langfristigem Wachstumspotenzial entwickelten. Es gibt ein paar Möglichkeiten, wie du besonders schnell und effizient zu einem profitablen, nachhaltigen Geschäft kommst, während du dir überlegst, was genau du aufbauen willst:

- **Wissen verkaufen und Leute über digitalen Content (Videos, E-Books, Podcasts, Online-Kurse) weiterbilden.** Lynda.com, das von LinkedIn 2015 aufgekauft wurde, entstand aus einem Buch und einer Reihe von Präsenzworkshops von Lynda Weinman. Als die Dotcom-Blase 2001 platzte, boten Lynda und ihr Mann Bruce Heavin einen Bezahlzugang zu ihren Online-Lehrvideos über Webdesign an. Diese Idee war damals noch brandneu. Zunächst sah es nicht so aus, als könnten sie sich damit halten, doch dann wuchs die Abonnentenzahl von Lynda.com von wenigen Hundert auf mehrere Hunderttausend an, und entsprechend wuchs auch ihr Einfluss auf die Branche ins Astronomische.[46]
- **Ein physisches Produkt verkaufen (Handelsware oder ein einzigartiges Produktangebot).** Noxgear stellt beleuchtete Warnwesten für Läufer und Radfahrer her. Die Idee kam den beiden Gründern Tom Walters und Simon Curran, als sie etwas für ihre nächtlichen Ultimate-Frisbee-Spiele zusammenbastelten, aus dem später ihr Produkt Tracer 360 werden sollte. Sie suchten auf dem Markt nach Angeboten für Sportler, die gern am frühen Morgen oder spät abends trainierten, erkannten ihre Chance, erstellten einen Prototyp und verkauften die ersten 500 Westen auf Kickstarter. Inzwischen bieten sie auch noch Lighthound an, ein beleuchtetes Hundegeschirr.[47]
- **Menschen für eine Flatrate oder prozentuale Gebühr miteinander verbinden.** Craig Newmark startete Craigslist als E-Mail-Liste für seine Freunde, in der er auf Veranstaltungen im Großraum San Francisco hinwies, die für die Adressaten möglicherweise interessant waren. Heute hat Craigslist einen Jahresumsatz von 1 Milliarde Dollar bei weniger als 100 Angestellten. Menschen lassen sich auf vielerlei Art miteinander verbinden, auch wenn Craigslist das Paradebeispiel ist. Online-Stellenbörsen wie People First Jobs (auf das wir in Kapitel 7 näher eingehen werden) verbinden Unternehmen mit Bewerbern, oft gegen einen Festbetrag. Und es gibt auch Communities wie Product Manager HQ, bei denen Gleichgesinnte miteinander in Kontakt kommen.

- **Software as a service (SaaS).** Die Idee, eine Softwarelösung anzubieten, bei der die Telearbeit optimiert und Ablenkungen minimiert werden, kam Justin Mitchell und seinem Team bei Yac im Jahr 2018. In nur vier Tagen erstellten sie die erste Version dessen, was später ihre asynchrone Sprachnachrichten-App werden sollte, für das Makers Festival von Product Hunt. Sie hatten eine Lücke im Markt für Telearbeiter entdeckt, die sich ständig mit anstrengenden Zoom-Meetings und Ablenkungen durch Slack herumschlugen. Seit damals wurden bei Yac die Plattform, die Integrationen und Funktionen zwar weiterentwickelt, doch alles begann mit der kleinen Idee, alle Unterbrechungen auszuräumen.[48]

Im vorherigen Kapitel wurden die vier verschiedenen wirtschaftlichen Nutzenarten vorgestellt: Ort, Gestalt, Zeit und Besitz. Um ein passendes Angebot zu finden, kannst du diese Liste mit der Liste hier oben abgleichen, um das Geschäftsmodell zu entwickeln, mit dem du das Problem deiner Kunden, das du ausgewählt hast, am besten lösen kannst. Du könntest zum Beispiel den Leuten mit einem kohortenbasierten Online-Kurs (digitaler Content) ermöglichen, eine neue Fertigkeit schneller zu erlernen (Zeitnutzen). Oder du könntest eine Software entwickeln (Gestaltnutzen), die einen manuellen physischen Vorgang automatisiert (SaaS).

Im Lauf der Zeit wird dein Unternehmen wahrscheinlich zwei oder mehr Produkte und Dienstleistungen anbieten, aber für den Anfang solltest du dich auf eines davon konzentrieren. Entscheide dich am besten für das Produkt oder die Dienstleistung, mit der du sofort loslegen kannst und für die du nicht erst lange vorarbeiten musst.

Du musst am Anfang nicht alles über dein Vorhaben wissen (vielleicht sogar nie), und viele Leute liegen bei dem, was sie aufbauen, erst einmal falsch. Wahrscheinlich wirst du erst herausfinden, welche Art von Unternehmen du gründen solltest, während du schon an dem arbeitest, das du erst einmal für das Richtige hältst. Adam Wathan von Tailwind UI sagt: »Wer eine gute SaaS-Idee finden will, sollte erst einmal ein Unternehmen gründen, irgendeines. Man merkt dann schnell, wie schlecht alle existierenden Tools sind, die man kaufen kann, um das Unternehmen zu betreiben, und man wird überwältigt von all den Dingen, die man eigentlich selber bauen müsste.«[49]

Wenn du erst einmal einen Fehlstart hinlegst, gehe einen Schritt zurück und fange noch einmal neu an. Nichts von dem, was du getan oder gelernt hast, ist je umsonst. Es braucht Jahre, um ein nachhaltiges, wachsendes Unternehmen voll zu entwickeln, und weil du selbst im richtigen Tempo für das Unternehmen mitwächst, hast du genügend Zeit, um Anpassungen vorzunehmen und die Fertigkeiten zu erlernen, die du bei jedem Schritt für den Erfolg brauchst. Du hast diese Zeit, weil du nicht den Einhornweg gehst, von dem der Risikoanleger Marc Andreessen sagt, das sei, als würde man »einen Kuchen in drei Minuten backen«. Du kochst eine Suppe im Schongarer, bei niedriger Stufe und für alle sichtbar.

Wenn du nichts übereilst, hast du auch Zeit, um dich mit Kunden zu unterhalten, um dich immer weiter zu verbessern und deine Hypothese zu überprüfen.

Die Hypothese überprüfen

Eine Produkthypothese ist genau dasselbe wie die Hypothesen in der Naturwissenschaft, von denen man in der 5. Klasse hört. Sie ist ein Lösungsvorschlag für ein Problem, für das es bisher noch keine Lösung gibt. Sie muss überprüfbar sein (man muss sie wiederholen und unabhängig überprüfen können) und widerlegbar (es muss möglich sein, sie zu widerlegen).

Ein Beispiel: *Meine Kunden werden eine Festgebühr mit einem kleinen Aufschlag dafür bezahlen, dass ihr Abspann schnell und effizient produziert wird, mit so vielen Überarbeitungen wie nötig.*

Jedes Unternehmen beginnt damit, dass eine Hypothese mit echten Kunden überprüft wird. Und wenn du nur einen einzigen Kunden hast, dann kannst du ihm eine persönliche Betreuung bieten. Du kannst mit ihm telefonieren oder du setzt dich mit deinem Kunden im Café vor Ort an einen Tisch und besprichst mit ihm oder ihr das Problem.

Das Ziel dieser Gespräche besteht darin, eine Hypothese zu bestätigen. Die Überprüfung braucht Zeit, und man muss sich ehrlich eingestehen können, wenn man falsch liegt. Aber es ist besser, jetzt den Fehler zu machen, wenn noch nicht so viel auf dem Spiel steht, als nach fünf Jahren Arbeit, wenn man das eigene Vermögen riskiert hat, um eine Geschäftsidee weiterzuentwickeln, die nie eine Chance hatte.

Wenn man eine Hypothese überprüft, sollte man keine Suggestivfragen stellen – also Fragen, die bereits die Antwort enthalten, die man hören will. Besser ist eine Art Feedbackschleife, die der Autor und Tech-Unternehmer Rob Fitzpatrick in *Der Mom Test* beschreibt. Wenn man die Art Fragen stellt, die er empfiehlt, also solche, auf die nicht einmal deine Mutter mit einer Lüge antworten kann, dann bekommt man die Wahrheit heraus, weil niemand merken wird, dass du damit überprüfen willst, ob eine neue Geschäftsidee durchführbar ist. Zum Beispiel solltest du nicht fragen:

Würdest du für mein Produkt bezahlen?

Sondern besser:

Warum hast du bisher noch keine Lösung dafür gefunden?

Viele Geschäftsideen lassen sich auf diese Weise nicht überprüfen, aber für die interessieren wir uns nicht. Wir wollen Unternehmen aufbauen, deren Grundidee im kleinen Maßstab überprüfbar ist und die dann schrittweise mit der Zeit skaliert werden kann.

Ein weiterer Vorteil dieser Vorgehensweise: Man kann Geld dafür verlangen. Wenn du jemandem wirklich hilfst, kannst du schon Geld verdienen, bevor du ein fertiges Produkt zum Verkauf anbieten kannst. Du kannst dich für deine Zeit bezahlen lassen, wie Pliny und Alan es taten, bevor sie ein richtiges »Produkt« hatten.

In ihrem Fall bewiesen sie mit ihrem Vorgehen die Hypothese, dass Filmemacher für eine Lösung ihres Problems mit dem Filmabspann bezahlen würden. Bei deiner ersten Idee läuft es vielleicht nicht so glatt, und das ist völlig in Ordnung – die meisten Experimente widerlegen Hypothesen. Du bist ein Vorreiter und versuchst etwas zu erschaffen, das es bisher noch nicht gibt, und du wirst viele Fehler machen, bis du herausfindest, was deine Kunden wollen. Solange du dich durch Prozessualisierung zur richtigen Lösung vorarbeitest, musst du nur ein einziges Mal richtig liegen.

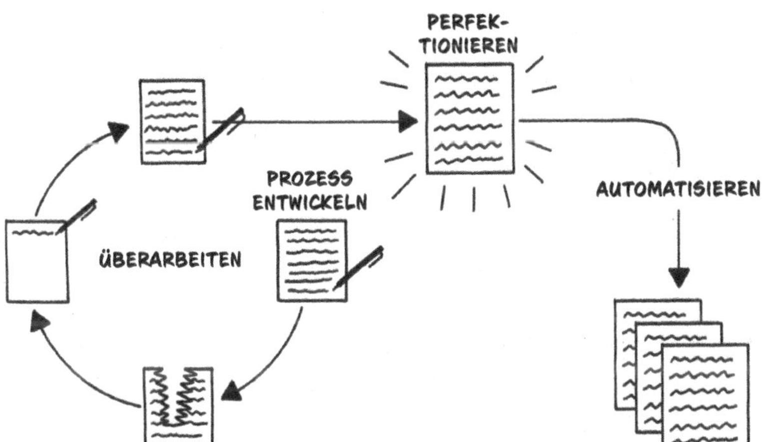

Wenn du das tust, hast du am Ende ein Dokument, das den perfekten Prozess beschreibt, weil du mit jemandem die Lösung seines oder ihres Problems Schritt für Schritt durchgegangen bist und die Lösung so immer weiterentwickelt hast. Dieser Prozessplan wird zukünftige Kunden von Anfang bis Ende zur Lösung führen. Du kannst diesen Plan mit anderen teilen (vielleicht veröffentlichen). Bisher hast du kein Geld verdient. Womöglich hast du noch gar kein Unternehmen. Aber du hast das geliefert, was Paul Graham, der Gründer von Y Combinator und anderen Projekten, als »Quantum an Nutzen« bezeichnet hat: »Wenn es eine gewisse Anzahl an Nutzern gibt, die begeistert wären, davon zu hören, weil sie jetzt etwas tun können, das ihnen bisher unmöglich war.«[50]

Eine Sache gut machen

Bevor ich mich an die Recherchen, das Programmieren oder den Markenaufbau machte, wählte ich ein Problem aus, das ich für mich selbst und meine Gemeinschaft an Kreateuren lösen wollte: Wie man digitale Daten an ein Publikum verkaufen kann. Ich ging von der einfachen Grundannahme aus, dass Menschen ihre berufliche Laufbahn im Internet begannen, wobei manche eher in sozialen Medien als über Websites und Blogs enorme Erfolge feierten. Doch am Ende brauchten sie alle eine Plattform, über die sie ihr Produkt verkaufen konnten, einen Ort, an den sie ihre Interessenten schicken konnten, und eine optimierte Möglichkeit, um digitalen Daten auszuliefern und die Bezahlung abzuwickeln.

Am Anfang hatte Gumroad, wie jedes gute Produkt, nur einen echten Zweck. Auf der ursprünglichen Gumroad-Website steht:

1. **Wähle eine wertvolle Datei oder einen entsprechenden Link aus.** Das kann alles Mögliche sein, ein Link zu einem exklusiven App-Paket, zu einem geheimen Blog-Post oder zu einem Icon, das du mühevoll entworfen hast.
2. **Teile die Datei oder den Link.** Ganz normal. Lege einen Preis fest. Du musst dafür keinen Webshop erstellen. Und du musst dich um nichts kümmern.
3. **Verdiene Geld.** Das war's. An jedem Monatsende überweisen wir dir das Geld, das du eingenommen hast, auf dein PayPal-Konto.

Eine solche App zu erstellen ist gar nicht so irre kompliziert, wie man vielleicht denken könnte. Die meisten Apps im Internet bestehen aus zwei Dingen: Formulare und Listen. Bei Twitter gibt es zum Beispiel ein Formular, in das man die Nachricht eintippt (mit einer einzigen Eingabezeile) und eine Liste der Twitter-Nachrichten der User, denen man folgt und die man angezeigt bekommt.

Derartige Apps werden als CRUD-Apps bezeichnet, weil sie vier Funktionen anbieten: create (erstellen), read (lesen), update (aktualisieren) und delete (löschen). Und bei Twitter kann man Tweets noch nicht einmal editieren!

Gumroad entspricht diesem Modell. Zunächst ließ ich Anbieter Produkte erstellen, editieren und löschen und sorgte dafür, dass Kunden die Angebote sehen (»lesen«) konnten. Stripe ermöglichte eine einfache Bezahlungsabwicklung, und über PayPal ließen sich die Auszahlungen (anfangs noch manuell) einfach durchführen.

Damals konnte man bei Gumroad selbst noch keine Dateien hochladen (man musste nach dem Kauf eine Ziel-URL angeben, etwa eine YouTube-Adresse) und weder Gebührenberechnung noch Auszahlungen waren automatisiert. Wir machten alles noch von Hand.

Die gesamte App bestand aus 2700 Zeilen Code, überwiegend zusammenkopiert, in einer einzigen Python-Datei, die in einer Google-Cloud lag. (Ich habe den Quellcode inzwischen veröffentlicht, den Link gibt es am Ende dieses Kapitels.) Aber es funktionierte! Das Problem war gelöst. Also ging ich damit online. Natürlich war es für den »Maseneinsatz« noch nicht bereit, aber zehn Jahre später fühlt sich Gumroad immer noch nicht fertig an. Wahrscheinlich wird es das auch nie.

Moment mal. Keine automatischen Auszahlungen? Nein! Stattdessen ließ ich mir von allen die PayPal-Daten geben. An jedem Monatsende stellte ich eine Liste mit allen E-Mail-Adressen und zugehörigen Kontoständen zusammen und überwies alles einzeln. Irgendwann begann ich, einzelne Schritte zu automatisieren. Statt die Daten zeilenweise aus der Datenbank zu kopieren, schrieb ich ein Programm, das eine Liste ausgab. Später schrieb ich ein Skript, das die Auszahlungen über die API von PayPal durchführte.

Einzelne Probleme gab es immer noch. Zum Beispiel wurden die Anbieter am 31. August ausbezahlt, ganz egal, ob sie am 1. oder am 30. August etwas verkauft hatten. Betrüger nutzten das, um wenige Minuten vor der Auszahlung mehrere Verkäufe abzuwickeln und so unsere Möglichkeiten zu umgehen, die Transaktionen zu überprüfen oder zu blockieren. Inzwischen haben wir einen Puffer von sieben Tagen eingeführt, obwohl es ein oder zwei Jahre lang auch ohne funktioniert hat.

Im Lauf der Zeit haben wir alles automatisiert, was wichtig wurde, als ich den Laden allein am Laufen halten musste. Aber so haben wir nicht angefangen! Als erstes habe ich mich selbst »angestellt«, um alles zu erledigen. Dann habe ich einen Prozessplan dazu erstellt. Dann packten wir Teile davon in ein Produkt, das inzwischen vollständig automatisiert ist.

Was sollte ich aufbauen?

Bis heute arbeiten wir bei Gumroad immer wieder mit Prozessplänen. Alles, was ich tue, steht auf einem Stück Papier, das alle im Unternehmen einsehen können. Wenn ich Urlaub habe, kann jemand anderes meine Aufgaben übernehmen. Und wenn ich vom Bus überfahren werde, geht das Unternehmen nicht unter. Wenn man diese magische Liste einmal aufgestellt hat, kann man aus dem Prozessplan ein Produkt machen. Auch für diesen Vorgang gibt es ein Wort, das leider auch noch nicht im Duden steht: »produktivieren«.

Produktivieren bedeutet einfach, dass man einen Prozess in etwas umwandelt, das man verkaufen kann. Im Produktivierungsstadium hat man für sich selbst von Hand bereits einen wertvollen Prozessplan erstellt und ein System eingerichtet, mit dem man effizient arbeiten und jedem einzelnen Kunden effektiv helfen kann. Jetzt kann man daraus ein Produkt machen. Dazu wird jede einzelne Aufgabe automatisiert, damit sich Menschen für das Produkt anmelden, es nutzen und dafür bezahlen können, ohne dass man selbst etwas tun muss.

Durch die Prozessualisierung wird ein manueller Vorgang skaliert, durch die Produktivierung wird automatisiert. Wie ein herkömmliches Unternehmen vor Ort braucht auch ein minimalistisches Unternehmen wesentliche Voraussetzungen, um zu funktionieren. Falls du dafür zu einem früheren Schritt zurückgehen musst, mach dir keine Sorgen, auch das gehört dazu.

- **Gib deinem Unternehmen einen Namen.** Bevor man irgendjemandem von einem Produkt erzählen kann, braucht es einen Namen. Ich mag Namen, die aus zwei Worten bestehen, weil man sie sich leichter merken kann als erfundene Namen. Auch bei der Mundpropaganda ist es hilfreich, weil jeder gleich weiß, wie es geschrieben wird. Das wird auch als »Radiotest« bezeichnet: Findet man das Unternehmen bei Google, wenn man den Namen im Radio hört? Gumroad, Dropbox und Facebook bestehen diesen Test. Aber eigentlich ist der Name nicht so wichtig. Als Gründer von Gumroad weiß ich, wovon ich rede. Wenn man Erfolg hat, wird sich der Name richtig anfühlen.
- **Richte eine Website und eine E-Mail-Adresse ein.** Die Website ist der Verkaufsraum eines minimalistischen Unternehmens. Dazu muss man eine Domain erwerben, die etwa 10 Dollar kostet (pro

Jahr). Verbinde sie mit einer Plattform zur Website-Erstellung wie Carrd, Gumroad, Wix oder andere. Sie kosten etwa 10 Dollar pro Monat. Erstelle eine E-Mail-Adresse für dich selbst mit dieser Domain (zum Beispiel sahil@gumroad.com) und richte einen Passwort-Manager ein.

- **Richte Social-Media-Konten ein.** Du brauchst alle Social-Media-Konten doppelt, einmal für dich privat und einmal für dein Unternehmen. (Warum, erfährst du im Kapitel über Marketing.)
- **Mach die Bezahlung für Kunden möglichst einfach.** Lege ein Konto bei Square oder Stripe an. Das sind Zahlungsabwickler, die dir helfen werden, online oder vor Ort Kreditkartenzahlungen anzunehmen. Die Anmeldung ist kostenlos und man bezahlt etwa 2,9 Prozent plus 30 Cent pro Transaktion. (Auch eine UG* zu gründen ist eine gute Idee, aber ich warte damit meist, bis ich ein paar Kunden habe.)

Jetzt ist dein Unternehmen bereit für seinen ersten Kunden. Wenn jemand fragt, woran du gerade arbeitest, dann kannst die URL verschicken, und er oder sie kann es sich einfach anschauen. Am Anfang solltest du unter dieser Adresse erklären, wozu dein Produkt gut ist, und eine Kontakt-E-Mail angeben, unter der sich Interessenten melden können, selbst wenn du noch gar kein fertiges Produkt hast. Man sollte immer dazulernen und mit potenziellen Kunden interagieren.

Danach kannst du mit dem Aufbauen anfangen. Aber was solltest du eigentlich aufbauen? Antwort: so wenig wie möglich. Zur Markteinführung kommen wir im nächsten Kapitel, in diesem hier geht es ums Aufbauen. Das bedeutet, dass du beginnen solltest, auszuliefern, wobei du mit fast nichts beginnst. Deine Aufgabe ist es, deiner Gemeinschaft oder deinen Kunden so schnell wie möglich etwas Wertvolles zu liefern. Und sie wollen nicht warten!

* Eine Unternehmergesellschaft (UG) ist eine Sonderform der GmbH, die speziell für Startups eingeführt wurde (mit Einlagebetrag ab 1 Euro). (Anm. d. Verl.)

Einschränkungen führen zu Kreativität

Für einen minimalistischen Unternehmer geht es in der Frühphase vor allem um eines: Einschränkungen. Sobald man produziert, muss man weitere Grenzen setzen. Dazu gehört, dass das Produkt (anfangs) nur einen einzigen Zweck erfüllt, aber es gibt auch noch andere Möglichkeiten, um der Versuchung, alles auf einmal machen zu wollen, zu widerstehen ... oder dem Wunsch, alles perfekt zu machen.

Ich stelle mir bei jedem neuen Projekt vier Fragen:

1. *Kann ich es nach einem Wochenende ausliefern?* Der erste Prototyp der meisten Lösungen kann und sollte in zwei oder drei Tagen stehen.
2. *Macht es das Leben meiner Kunden ein kleines bisschen besser?*
3. *Ist ein Kunde bereit, mich dafür zu bezahlen?* Es ist wichtig, dass das Unternehmen vom ersten Tag an profitabel ist, daher ist es entscheidend, dass man etwas erschafft, das den Leuten ihr Geld wert ist.
4. *Bekomme ich schnell Feedback?* Sorge dafür, dass deine Kunden dich wissen lassen können, ob du gute Arbeit leistest oder nicht. Je schneller du Feedback bekommst, umso schneller kannst du etwas wirklich Wertvolles erstellen, das eine Bezahlung wert ist.

Keinerlei Vorgaben gibt es dafür, wie schön das Produkt oder wie gut geschrieben der Code ist. Ein weiterer Grund dafür, so wenig zu machen, wie man nur kann: Man sollte ehrlich einschätzen, wie nützlich das Produkt tatsächlich ist. Wenn ein Produkt schön gemacht ist oder durch großartige Werbung unterstützt wird, wirkt es manchmal nützlicher, als es tatsächlich ist. Aber wenn das Produkt unfassbar minimalistisch ausgeführt und nützlich ist und die Leute über das unscheinbare Äußere hinwegsehen und es trotzdem benutzen, dann weiß man, dass man an etwas Gutem arbeitet.

Das perfekte Beispiel dafür ist Craigslist. Die Website war noch nie besonders hübsch, aber sie hat schon immer so gut funktioniert, dass es egal war. Und sie ist so nützlich, dass sie ein völlig neues Geschäftsmodell begründet hat. Unser Ziel ist es, etwas zu erschaffen, das »gut genug« ist. Gut genug, um es anderen zu zeigen, und gut genug, damit sie dafür bezahlen. Dafür braucht es fast immer weniger, als man glauben könnte.

Ryan Hoovers Product Hunt ist eine Website, auf der Fans ihre neuesten Lieblings-Handy-Apps, -Websites, -Hardware-Projekte und -Tech-Neuerungen miteinander teilen und sich darüber austauschen können. Am Anfang bestand das ganze Angebot aus einer E-Mail-Liste und Linkydink, einem Tool, mit dem man tägliche Übersichten der E-Mails in der Gemeinschaft erstellen kann. Dabei ging alles ganz schnell. Hoover erzählt: »Wir haben Product Hunt über das Thanksgiving-Wochenende entworfen und erstellt. ... [Fünf] Tage später hatten wir ein sehr minimalistisches, aber voll funktionsfähiges Produkt. Wir mailten einen Link zu Product Hunt an unsere Unterstützer mit der Bitte, diesen Link noch nicht zu veröffentlichen. Sie meldeten sich begeistert an und spielten mit der funktionierenden Version von etwas herum, über das sie sich Gedanken gemacht und bei dessen Entwicklung sie indirekt mitgeholfen hatten. Am Ende jenes Tages hatten wir unsere ersten 30 Nutzer. Nach einer Woche waren es schon 100, und wir waren bereit, Product Hunt der Welt vorzustellen.«[51]

Product Hunt hatte von Anfang an so viel Eigendynamik, dass Hoover erkannte, dass es sich lohnte, dieses Projekt weiterzuverfolgen. Sein Brotjob als Produktmanager für Tools für Spieleentwickler hatte ihm die Zeit und den Freiraum verschafft, um zu experimentieren (siehe Freiberuflerdasein), und er hatte eine klare Vorstellung davon, wie Product Hunt aussehen sollte. Er wusste, dass er das Rad nicht neu erfinden musste; er konnte etwas verwenden, das dem Format von Reddit ähnelte. Aber er war kein Softwareentwickler und fragte sich entsprechend: »Wie werde ich es erstellen? Wer wird es programmieren?« Am Ende ließ er sich von diesen Fragen aber nicht aufhalten und beschloss, dass ein Newsletter eine schnelle Möglichkeit war, um sein Projekt zum Laufen zu bringen und Vertrauen in seine Idee aufzubauen, ohne programmieren zu müssen.

Ryan fand, wie auch ich, dass Gründer am Anfang nicht programmieren sollten. »Fange mit etwas Beschissenem an, das die Leute mögen«, rät er. Neue Unternehmen (womöglich auch dein eigenes) erweitern die Infrastruktur immer mehr, und so wird es immer billiger, schneller und einfacher verfügbar, ein MVP zu erstellen, ohne programmieren zu müssen. Das bedeutet, dass du keinen einzigen Tag warten solltest, um anzufangen. Je niedriger die Einstiegshürden sind, umso größer ist die Konkurrenz.

Der Trend geht ganz klar in Richtung Demokratisierung. Alles, was ein Softwareentwickler heute kann, kann morgen jeder. Das bedeutet, dass man weniger wissen muss, um mehr zu erreichen. Selbst bei einer manuellen Dienstleistung oder einem physischen Produkt kann man die Vorteile von Software nutzen, um das eigene Angebot so effizient wie möglich zu machen. Jedes Unternehmen wird irgendwie durch Technologie unterstützt, auch wenn das Endprodukt nichts mit Technologie zu tun hat.

Ein Beispiel: Wer ein Softwareunternehmen aufbaut, kann auf Makerpad.co lernen, wie man Gumroad und Carrd verknüpfen und so Bestellungen auf der eigenen Website annehmen kann, ohne eine einzige Zeile Programmcode schreiben zu müssen. Und wenn man bereit ist, die Auftragsabwicklung zu automatisieren, erfährt man dort auch, wie man Airtable, Google-Formulare und Mailchimp einbindet. Andere Produkte, wie Notion, helfen uns, das gesamte Unternehmen zu betreiben. Mit Diensten wie Zapier kann man die Verbindungen zwischen der ganzen eingesetzten Software automatisieren. Du solltest wirklich bei Makerpad vorbeischauen. Du wirst überrascht sein, wie viel man erreichen kann, ohne auch nur eine Zeile selbst zu programmieren.

Diese Tools werden dir helfen, die internen Abläufe deines Unternehmens zu prozessualisieren und daraus ein Produkt zu entwickeln, so wie du vorher deine Prozesspläne erstellt hast, während du Menschen geholfen hast.

Vor allem aber wirst du mit ihrer Hilfe Geld sparen. Je weiter du ohne einen Softwareentwickler kommst, wenn du an einem Softwareprodukt arbeitest, umso besser stehen deine Chancen, profitabel zu arbeiten. Und je weiter du kommst, umso bessere Mitarbeiter kannst du einstellen. (Und diese Menschen werden häufiger auf dich zukommen, als du denkst.)

Liefere früh und häufig

Beim Aufbau eines Unternehmens lernt man sehr viel über schnelle Feedbackschleifen und Iterationen. Stell dir vor, du würdest mit einem Schiff nach einem Schatz suchen, dürftest aber nur einmal im Jahr ein Sonarsignal aussenden. Dann einmal im Monat. Dann jeden Tag. Das Schiff ist dein Unternehmen, und der Schatz ist der Product-Market-Fit.

Du wirst viele Fehler machen; das Ziel ist, so schnell wie möglich weniger falsch zu liegen. Deswegen ist es so wichtig, dass du früh und häufig auslieferst. Bei Gumroad gab es zum Beispiel in den zehn Jahren seines Bestehens nie eine »Version 2.0«. Stattdessen haben wir im Lauf der Jahre (buchstäblich) Zehntausende schrittweise und umfassendere Verbesserungen durchgeführt. Jedes Mal haben wir für irgendwelche Kunden die Schwelle von »das will ich vielleicht später mal« zu »ich brauche das jetzt« überschritten.

Das Ziel ist, sich nicht mehr für die eigene Zeit bezahlen zu lassen. Das ist wichtig, weil Lebenszeit immer sehr viel wertvoller ist als Geld, daher sollte man diese neue Zielsetzung annehmen. Mit der Zeit kann man den Wechselkurs verbessern, aber man sollte immer wissen, wie er steht.

Wenn du zum Beispiel Leuten für 10 Euro die Stunde hilfst, dann kannst du als Ziel ein Einkommen von 20 Euro die Stunde ansetzen. Du kannst es durch Softwaretools erreichen, mit deren Hilfe du deine Arbeit in der halben Zeit erledigen kannst, oder du kannst die Nachfrage nach deinem Angebot so weit steigern, dass du mehr dafür verlangen kannst. Am Ende kannst du Tausende von Euros pro Stunde verdienen, aber am Anfang bist du noch voll damit beschäftigt, so schnell wie möglich zu lernen und dein Produkt immer weiter zu verbessern. Dabei sind nicht nur die Prozesse wichtig, die du für dein Unternehmen entwickelst, sondern auch die für dich selbst.

Ein SaaS-Produkt bietet sich scheinbar an, aber beim Produktivieren geht es um mehr als Programmierung und Software. Das gilt für alle minimalistischen Geschäftsideen, auch Interintellect. Weil Anna Gát schon früh prozessualisierte, hat Interintellect ein vorhersagbares, wiederholbares Format, das sich auf vier Pfeiler stützt: ein moderierter Raum, gleiche Redezeit für alle Teilnehmer, unterhaltende Elemente sowie eine von Geduld, Transparenz und Multidisziplinarität geprägte Atmosphäre. Die Salons werden nach Thema, Zeitzone und Gastgeber organisiert und nachverfolgt, und über eine straffe Feedbackschleife kann das Unternehmen die am meisten diskutierten Themen im Forum der Community herausstellen und die Veranstaltungen nach den Interessen des Kunden aufführen.

Anna Gát sagt: »Eine interessante Erkenntnis ist, dass man, wenn man etwas tausendmal gemacht hat, erst wirklich herausfindet, was man da eigentlich tut. Ich war am Anfang überzeugt, dass ich Veranstaltungen produziere, aber in Wirklichkeit produziere ich Moderatoren.« Aufgrund dieser Erkenntnis hat Gát eine neue Plattform online gestellt, auf der Moderatoren ihre eigenen Veranstaltungen erstellen und terminieren können und auf der neue Moderatoren trainiert und zertifiziert werden können, die den strengen Vorgaben der Community entsprechen.

Wenn Interintellect weiter wächst, will Anna die Abläufe im Unternehmen weiter automatisieren, damit sie pro Tag weltweit bis zu 60 Veranstaltungen anbieten kann. Für sie besteht das oberste Ziel der Interintellect-Salons darin, Menschen zu unterhalten, während sie ein systematisches Ritual darum kreiert, wie Menschen in einem intellektuell entspannten Rahmen zusammenkommen können, um zu lernen, ihr Wissen miteinander zu teilen und miteinander zu interagieren. Interintellect ist ein gutes Beispiel dafür, wie dieses Vorgehen auf fast jedes Szenario anwendbar ist, selbst wenn ein Unternehmen sich scheinbar nicht auf Anhieb für die Prozessualisierung und Produktivierung anbietet.

Die Voraussetzungen für den Start schaffen

Am Ende des letzten Kapitels ging es darum, wie man seine Zweifel überwinden kann, aber wenn du so bist wie 99 Prozent aller Gründer da draußen, dann werden dich Zweifel bei jedem deiner Schritte begleiten, vor allem, wenn du dein Produkt einer Gemeinschaft vorstellst, die du gut kennst und respektierst. Wenn man versucht, etwas an Fremde zu verkaufen, ist das ineffizient, aber viele Anbieter wollen unbedingt die unangenehme Situation vermeiden, ihrer Gemeinschaft von ihrer Arbeit zu erzählen. Leider ist es wichtig, dass du genau damit anfängst.

Diese Selbstzweifel verschwinden nie ganz. Du wirst an deinem Produkt zweifeln, auch wenn du deine Gemeinschaft davon überzeugt hast. Wenn du ein Produkt erstellt und ausgeliefert hast, wirst du Selbstzweifel wegen des Umsatzes haben. Wenn du alles gemacht hast, was in diesem Buch empfohlen wird, dann wirst du Selbstzweifel haben, ob du ausreichend qualifiziert bist, um darüber zu schreiben. (Hallo!)

Mach einfach immer weiter. Die Fehler werden verblassen, während deine Erfolge bestehen bleiben und sich mehren. Du hast nie geglaubt, dass du es so weit schaffen würdest, aber die Daten beweisen, dass es so ist. Erinnere dich so oft daran, wie du es brauchst. Ich mache das auf jeden Fall.

Am Anfang dieses Kapitels ging es um Dynamik. Jetzt möchte ich über Zuversicht sprechen: Während du an deiner Lösung arbeitest, wirst du an deinen ersten Kunden verkaufen, aber du wirst auch die Zuversicht gewinnen, dass du auf dem richtigen Weg bist, und den nächsten Sprung nach vorne wagen.

Mit etwas Glück musst du fast nichts aufbauen, um es zu schaffen. Wenn du die Lösung für ein echtes Ärgernis von echten Menschen gefunden hast, werden sie sich nicht über die Einfachheit deines Angebots beschweren, sondern zu schätzen wissen, was du getan hast. Manche werden dir sogar eine Bezahlung anbieten. Das ist der aufregende Teil: Du hast deinen ersten Euro im Internet verdient. Du hast die große Schwelle von Null zu Eins überschritten. Du hast angefangen.

DAS WICHTIGSTE IN KÜRZE

- Verfeinere deinen Prozessplan (Manual Valuable Process), bevor du ein Minimum Viable Product zusammenstellst.
- Je schneller deine Feedbackschleife mit deinen Kunden ist, umso schneller wirst du zu einer Lösung finden, für die sie bezahlen werden. Die schnellste Feedbackschleife hast du mit dir selbst.
- Bevor du überhaupt etwas aufbaust, prüfe, was du mindestens brauchst, um dich dafür bezahlen zu lassen. Auch später solltest du nur das aufbauen, was unverzichtbar ist. Lagere alles andere aus.
- Meine Definition von »Product-Market-Fit« bedeutet, dass du Stammkunden hast, die sich anmelden und dein Produkt selbstständig verwenden, sodass du dich um Verkäufe an neue Kunden kümmern kannst.

Lesetipps

- Lies das frei erhältliche »Buch« *Getting Real* von Basecamp über die Entwicklung einer Web-App, online abrufbar unter https://basecamp.com/gettingreal.
- Lies das Buch *Der Mom-Test* von Rob Fitzpatrick, in dem es darum geht, wie man mit Kunden spricht – und ihnen zuhört.
- Sieh dir den originalen Quellcode von Gumroad an, den ich kürzlich online veröffentlicht habe unter https://github.com/gumroad/gumroad-v1.
- Erkunde Rosieland, https://rosie.land/, von Rosie Sherry, wo Menschen, die eine Gemeinschaft aufbauen wollen, viel Nützliches finden.
- Folge Daniel Vassallo (@dvassallo) bei Twitter. Er hat über Gumroad seinen Lebensunterhalt verdient, bevor er bei uns in Teilzeit als Produktleiter anfing.

4

DIE ERSTEN 100 KUNDEN

Jetzt geht es los. Ein echter viraler Erfolg.

– NIEMAND, JEMALS.

Viele Leute glauben, wenn ein Produkt erst einmal steht, bestehe der nächste Schritt darin, es der Welt vorzustellen. Was in Hollywood die Premieren, sind im Silicon Valley die Demo Days, die Produkteinführungen bei Product Hunt und die »Show HN«-Postings.

Diese Versessenheit auf den Produktstart gibt es nicht nur in Hollywood und im Silicon Valley. Es durchdringt das Denken in großen und kleinen Städten überall auf der Welt. In irgendeinem Restaurant in der Nähe hängt gerade bestimmt ein großes rotes Banner über dem Eingang mit der Aufschrift »GROSSE NEUERÖFFNUNG«.

Es lockt mit dem Versprechen, dass man einer der Ersten ist. Vielleicht gibt es Sonderangebote. Aber am nächsten Tag, oder auch einen Monat später, hängt das Banner immer noch dort. Es gibt immer eine Neueröffnung, und sie ist immer groß!

Viele Unternehmen wählen diesen Weg. Jeffrey Katzenberg, der Mitgründer und ehemalige CEO von Dreamworks, und Meg Whitman, ehemalige CEO von eBay, gründeten gemeinsam den Videodienst Quibi, dessen Geschichte als Warnung dienen kann, ein Produkt der Welt vorzustellen, bevor man es tatsächlich auf den Markt gebracht hat. Das Unternehmen trieb 1,8 Milliarden Dollar auf und kaufte Werbezeit während des Super Bowls in der Erwartung, die ganze Welt werde zu ihrem Angebot strömen. Bei der geplanten Einführungsparty sollten 150 Promis unter den insgesamt 1500 Gästen sein, doch die Feier musste wegen der COVID-19-Pandemie abgesagt werden.

Am Ende war die App ein riesengroßer Reinfall. Nur 300.000 Menschen luden Quibi am ersten Tag herunter. Bei Disney+ waren es 4 Millionen. Einen Monat nach der Markteinführung war Quibi bereits aus den Top 100 gerutscht, und weitere sechs Monate später gab es den Dienst nicht mehr, die Investoren erhielten ihr Geld zurück.

Softwareunternehmen machen ganz ähnliche Erfahrungen. Zwei aufgeregte Gründer arbeiten an einer App, stellen sie bei Product Hunt ein und haben Tausende Anmeldungen am ersten Tag. Wenige Monate später wird die App von niemandem mehr genutzt, und die Gründer machen sich ans nächste Projekt. Und das Spiel beginnt von vorn. Aber ein Unternehmen ist nichts, mit dem man sich einmal beschäftigt, den Freunden davon erzählt und es dann wieder vergisst, während man mit etwas Neuem beginnt. Ein Unternehmen sollte lebenslange Stammkunden haben, nicht nur Kunden für einen Freitagabend.

Denn die Realität, wenn man ein Unternehmen gründet und dann aufbaut, ist an den meisten Tagen alles andere als aufregend. Zwischen Start und Erfolg kann es eine ganz schöne Schufterei sein. Es kann Jahre dauern. Und oft ist es nicht annähernd so glamourös, wie man vielleicht erwartet. Aber es gibt immer wieder kleine Erfolge, und mit der Zeit entsteht ein Gefühl der Befriedigung und des Stolzes allein daraus, dass man nicht aufgegeben hat.

Im vorigen Kapitel ging es vor allem um den Prozess und das Produkt, aber sobald man den MVP hat, wird es Zeit, sich um die ersten Kunden zu kümmern. Wenn man zu lange wartet, wenn man endlos alles überarbeitet, ohne sein Werk der Welt vorzustellen, hat man das Gefühl, produktiv zu sein, während einem langsam (oder auch rasch) die Rollbahn ausgeht.

Deswegen ist es so wichtig anzufangen. Sobald man genügend Stammkunden hat, hat man auch einen Product-Market-Fit. Diesen Meilenstein kann man dann feiern, und er ist ein Zeichen dafür, dass man über eine offizielle Markteinführung nachdenken kann. Bis dahin sollte man die große Eröffnungsfeier hintanstellen und sich stattdessen auf die langsame und stetige Arbeit konzentrieren, an die ersten 100 Kunden zu verkaufen.

Verkaufen ist nichts Schmutziges

Für dieses Buch habe ich viele Leute interviewt, und kaum einer wollte über den Vertrieb sprechen. Das Klischee des Verkaufens mag niemand – es ist schmierig und basiert auf einer Informationsasymmetrie –, aber so arbeiten wir hier nicht. Du hast bereits eine Beziehung zu der Gemeinschaft, und du verkaufst ein Produkt, das das Leben eines Kunden verbessert, der gerne bereit ist, dafür zu bezahlen.

Irgendwann werden auch Fremde dein Produkt kaufen, aber dann vor allem, weil deine Kunden die Nachricht von deinem Unternehmen und Produkt verbreitet haben, nicht aufgrund irgendeiner Werbeanzeige. Aber an diesen Punkt zu gelangen, braucht Zeit.

Wann hast du das letzte Mal bei Twitter oder Facebook von einem Produkt geschwärmt, das dir gefiel? Das geschieht nicht sehr oft.

Der »virale Erfolg« ist ein Mythos. Es gibt ihn nicht. Er ist ein Begriff, mit dem Journalisten eine Person, ein Unternehmen, ein Produkt oder eine Dienstleistung beschreiben, deren scheinbar schneller Erfolg von außen unerklärlich scheint. Den meisten von uns – auch Journalisten – fällt etwas Neues erst auf, wenn es bereits Fluchtgeschwindigkeit erreicht hat. Von den Monaten oder Jahren harter Arbeit und den Stolpersteinen, die davor kamen, ahnen wir meist nichts.

Am Ende dieses Kapitels wirst du mit deinem Produkt auf den Markt gehen, weil du damit einen Meilenstein feiern wirst, der etwas über die Langlebigkeit und Nachhaltigkeit deines Unternehmens aussagt. Du wirst profitabel arbeiten, Kunden werden für dein Produkt bezahlen und sie werden anderen Kunden davon erzählen. Dann kannst du eine Einführungsparty machen – oder, besser gesagt, du kannst dich bei deiner Gemeinschaft und den Kunden mit einer Feier dafür bedanken, dass sie dir geholfen haben, etwas aus dem Nichts aufzubauen.

Bis dahin solltest du den Verkaufsprozess als Gelegenheit sehen, um etwas herauszufinden. Du hältst dein Produkt für marktreif? Wahrscheinlich ist es das nicht. Du glaubst, du hast die richtigen Preisstufen gefunden? Wahrscheinlich hast du das nicht.

Nutze jeden fehlgeschlagenen Verkaufsabschluss als Erkenntnisquelle. Entweder hast du mit der falschen Person geredet und solltest deine Zielgruppe überdenken, oder es war die richtige Person, aber du musst dein Produkt weiter überarbeiten, um ihr Problem zu lösen. Beides sind wichtige Erfahrungen, die du aber machen solltest, bevor du dein Produkt einem größeren Publikum anbietest.

Für den Moment ist der Vertrieb noch ein Lernprozess. Deine Kunden lernen dich kennen, und du erfährst, was funktioniert und was nicht und wie du es korrigieren kannst. Am Anfang laufen die Verkäufe nicht immer so glatt ab, aber damit noch länger zu warten, macht es nicht einfacher, das garantiere ich. Sobald du weißt, wie du loslegen kannst, ist die nächste Herausforderung die Preisfindung.

Verlange Geld, egal wie viel

Preisfindung ist schwierig. Am Anfang bist du vielleicht versucht, dein Produkt zu verschenken oder weniger zu verlangen, als die Zeit und die Materialien, die du aufgewendet hast, wert sind. Mach das nicht. Um dich über Wasser zu halten, musst du Geld verdienen. Dazu musst du nicht nur überhaupt Geld verlangen, sondern so viel, dass du flüssig bleibst. Wenn du bereits ein Produkt entwickelt hast, dann hast du auch schon eine erste Preisstruktur für deinen ersten Kunden aufgestellt, und die Preisfindung wird, wie alles andere in deinem Unternehmen, ständig weiter verbessert. Wer deine Kunden sind, beeinflusst am Ende, wie viel Geld du verlangst und wie die Bezahlung abläuft. Aber am Anfang, während du an deiner Lösung arbeitest, sollte dir klar sein, dass du deine Preise auf zweierlei Art kalkulieren kannst:

- **Kostenbasiert** (wenn etwas inhärent Kosten verursacht – zum Beispiel für Webserver oder die Arbeitszeit eines Mitarbeiters). Wenn du weitere Kosten hast, dann erhebst du eine »Marge«, sagen wir 20 Prozent, und verlangst das. Einzelhändler kaufen oft in großen Mengen ein und verlangen dann den doppelten Einkaufspreis von den Konsumenten (was einer Marge von 50 Prozent entspricht). Online-Marktplätze wie iTunes oder iStockPhoto arbeiten oft mit dieser Methode.
- **Wertbasiert** (eine Funktion mit eindeutigem Mehrwert). Dabei wird Geld für etwas nicht deswegen verlangt, weil die Lieferung Geld kostet, sondern weil es einen inhärenten Wert für den Kunden hat. Netflix bietet zum Beispiel eine Multiscreen-Option an, für deren Bereitstellung dem Unternehmen keine Kosten entstehen (abgesehen von den Entwicklungskosten ganz am Anfang), aber es kann trotzdem eine monatliche Gebühr dafür verlangen.

Das letztendliche Ziel besteht darin, von Kunden für verschiedene Angebotsstufen unterschiedliche Preise zu verlangen, was du tun kannst, wenn dein Produkt, deine Dienstleistung oder deine Software als Wert und Marke etabliert ist. Die Preisstufen sind mit Flugtickets für verschiedene Klassen vergleichbar – man kommt auf jeden Fall ans Ziel, ob man nun Economy, Business oder erster Klasse fliegt, aber der Service unterscheidet sich erheblich. Preisstufen sind im Softwarebusiness verbreitet und werden immer wieder angepasst, je nach angebotenen Funktionen. Bei der Community-Plattform für Kreateure Circle.co gibt es zum Beispiel drei Angebotsstufen – Basic, Professional und Enterprise – die sich danach richten, wie viele Mitglieder die jeweilige Community hat und welche Funktionen und Integrationen verfügbar sind.

Dass man überhaupt Geld verlangt, ist entscheidend, auch wenn man mit einem niedrigen Preis beginnt und ihn mit der Zeit erhöht. Der Unterschied zwischen kostenlos und einem Euro ist riesig – der sogenannte Null-Preis-Effekt. Der Verhaltensökonom Dan Ariely schreibt in *Denken hilft zwar, nützt aber nichts* von einem »Drang des Menschen, sich auf einen kostenlosen Gegenstand zu stürzen, auch wenn er ihn eigentlich gar nicht will«.[52] Als Beispiel erzählt er von einer langen Warteschlage aus Studenten, die für kostenlose, furchtbar ungesunde Pralinen anstanden. Sobald sie dafür auch nur einen Cent zahlen sollten, löste sich die Schlange auf.

(Später kannst du dir überlegen, ein kostenloses Angebot einzuführen. Dieses Modell, das von dem Risikokapitalisten Fred Wilson bekannt gemacht wurde, wird oft als »Freemium« bezeichnet.)[53]

Werbefinanzierte Medien sind ein weiteres Beispiel. Wenn die Leser erst einmal nichts bezahlen, wird es später schwierig, sie davon zu überzeugen, dass das Angebot eine Bezahlung wert ist.

Preise sind nicht in Stein gemeißelt. Sie sind nur ein Teil eines Produktes unter vielen und können und werden sich im Lauf der Zeit ändern. Wie bei der Produktentwicklung besteht das Ziel darin, den Entdeckungsprozess zu beginnen, und nicht darin, gleich beim ersten Versuch das perfekte Ergebnis zu erhalten.

Zu beachten ist, dass Produktpreise in der Regel steigen, wenn sie sich ändern. Darauf solltest du auch achten: Wenn sich dein Produkt verbessert und du einen besseren Service anbieten kannst, dann wird

dein Angebot auch wertvoller für deine Kunden – und du könntest sogar höhere Angebotsstufen für Superuser einführen.

Wenn du dich für einen Preis entschieden hast, solltest du ihn testen. Am besten machst du das mit Menschen, die dir nahestehen: Freunde und Familienangehörige.

(Leider wird nicht jeder von seiner Familie unterstützt. Du kannst natürlich auch deine Wahlfamilie dafür einspannen.)

Erst Freunde und Familie

Im Silicon Valley gibt es einen Namen für die erste Finanzierungsrunde: Die »Freunde und Familie«-Runde. Außerhalb des Großraums San Francisco ist das wahrscheinlich noch üblicher, dort, wo keine Risikokapitalisten und Privatinvestoren auf der Suche nach Dingen, die sie finanzieren können, durch die Straßen streifen. Aber Freunde und Familie sind nicht nur bei der Finanzierung wichtig. Es lohnt sich auf jeden Fall, sie als erste Kunden anzuwerben, ganz egal, ob sie dir auch nur einen Cent zugeschossen haben.

Das ist dir vielleicht unangenehm, auch wenn du weißt, dass Freunde und Familie im Zentrum deiner Gemeinschaft stehen. Ich fühlte mich auf jeden Fall unwohl, als ich meinen Freunden mein Unternehmen unter die Nase rieb und sie aufforderte, Gumroad einmal auszuprobieren, weil ich genau wusste, dass noch nicht alle Probleme beseitigt waren. Aber wenn man einfach mal anfängt und sich ein bisschen Glaubwürdigkeit erarbeitet hat, wer vertraut einem dann mehr als Freunde und Familie? Und wenn sie es nicht tun, wer wird es dann?

Dennoch glauben Leute, sie könnten ihre Freunde und Familie überspringen und direkt auf den Markt und viral gehen. Über Kickstarter zum Beispiel. Aber sogar bei Kickstarter weiß man, dass das so nicht funktioniert. Auf der Website steht: »Jede Woche besuchen Millionen von Menschen Kickstarter. Aber die anfängliche Unterstützung kommt immer von Menschen, die man kennt. Freunde, Fans und deine bisherigen Communities werden anfangs nicht nur deine Unterstützer sein, sondern dir auch helfen, Aufmerksamkeit für dein Projekt zu bekommen.«[54]

Gelegentlich gehen Projekte bestimmt viral, aber nicht ohne einen großen Initialschub durch Freunde, Familie und Fans des Projektgründers. Es ist also völlig normal und wird womöglich sogar erwartet, dass man anfangs auf die Unterstützung durch Freunde und Familie baut und dass sie als Erste das Produkt kaufen. Wenn dir das Probleme bereitet, dann erinnere dich daran, dass du etwas kreiert hast, das einen echten Wert hat. Es ist eine Bezahlung wert, auch wenn es noch nicht perfekt ist!

Die Gründerin und CEO von PleaseNotes Cheryl Sutherland machte sich durch Journaling und Affirmationen auf die Suche nach ihrem nächsten beruflichen Schritt und entwickelte so die Idee für ihr Unternehmen, das Coaching-Programme, Journals (eine Art angeleitetes Tagebuch) und andere Produkte für die Persönlichkeitsentwicklung anbietet.[55] Ein befreundeter Grafikdesigner half ihr bei ihrer Website und ihrem ersten Produkt, den PleaseNotes, einem Set aus drei Haftnotizblöcken, die mit Affirmationen bedruckt sind. Zwei andere Freunde leiteten eine Crowdfunding-Beratung und empfahlen ihr, über eine Kickstarter-Kampagne Vorbestellungen für ihr zweites Produkt anzuwerben, ein PleaseNotes-Journal.[56] Ihr Kampagnenziel lag bei 10.000 Dollar. Am Ende bekam sie 15.054 Dollar von 253 Unterstützern, von denen viele Freunde oder Verwandte waren.[57] Mit diesem Geld prüfte sie ihre Chancen auf dem Markt, und es gab ihr den Schwung, den sie brauchte, um weitermachen zu können.

Dieser frühe Machbarkeitsnachweis ist von unschätzbarem Wert. Restaurants brauchen Zeit, um ihr Speisenangebot zusammenzustellen, daher führen sie private Testläufe mit Freunden und Familie durch. Ein Film muss erst seinen Rhythmus finden, daher gibt es Probevorführungen. Für dein Unternehmen und Produkt gilt dasselbe.

Wenn du dein Feedback umgesetzt hast und aus deinen Freunden und Verwandten Kunden geworden sind, weil dein Produkt wirklich gut ist, dann kannst du den nächsten Schritt in deine Gemeinschaften wagen.

Gemeinschaft und nochmal Gemeinschaft

Mit der Zeit geht es immer weniger um dich und mehr um dein Produkt. Deinen Freunden und deiner Familie, mit denen du angefangen hast, warst vor allem du wichtig. Deiner Gemeinschaft ist das Produkt wichtiger als du.

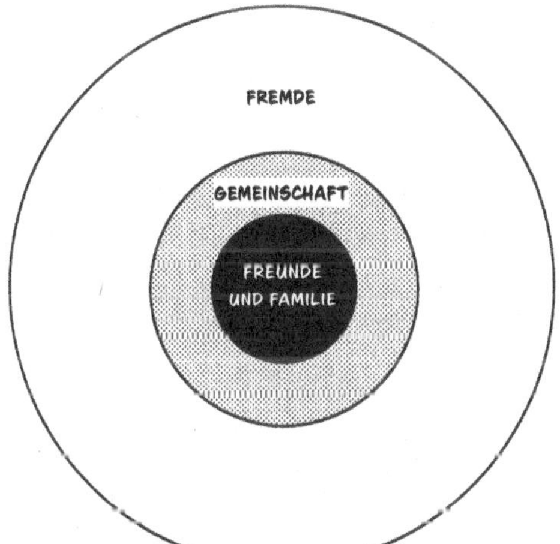

So wächst auch dein Unternehmen: Du beginnst bei den Menschen, denen du besonders wichtig bist, und »hörst bei den Menschen auf«, denen es am wenigsten um dich geht.

Auch wenn du für deine Gemeinschaft erfolgreich ein Problem gelöst hast, kann es eine Weile dauern und etwas Geduld brauchen, bis die Leute darauf aufmerksam werden. Für Menschen gilt, ebenso wie für Projekte, der Trägheitssatz. Jeder bewegt sich in eine bestimmte Richtung, und in der Regel braucht es einen kleinen Schubs, um ihn von seinem Weg abzubringen, selbst wenn der neue besser ist als der alte und in Form der Lösung daherkommt, die du mit deinem Unternehmen anbietest.

Neben den Menschen, die du persönlich kennst oder zu denen du eine Verbindung hast, kannst du auch nach ähnlichen Kunden in deiner physischen Umgebung suchen. Jede Nachbarschaft, jede Straße und jedes Stadtzentrum ist eine Gemeinschaft, wo Menschen zusammenleben und miteinander Zeit verbringen. In florierenden Gemeinden gibt es lokale Geschäfte, Veranstaltungsorte und Straßenfeste. Dort findet das Leben jenseits von Büro und eigener Wohnung statt. Bringe in deiner Lieblingsbäckerei und an Straßenlaternen Werbeposter an.

Im folgenden Kapitel werden wir uns mit formellem Marketing beschäftigen, aber lange bevor du einen strukturierten Plan umsetzt, kannst du schon alle Gelegenheiten für eine strategische Kontaktaufnahme nutzen. In jeder Gemeinschaft gibt es Journalisten und Mikro-Influencer, die darüber berichten, was innerhalb der Gemeinschaft geschieht. In Portland, wo ich heute lebe, gibt es Dutzende Instagram- und Twitter-Konten über jede Facette des Stadtlebens. Sie werden von Studenten, Amateuren und Berufsjournalisten betrieben. Sie warten nur darauf, über dich und deine Pläne zu schreiben.

Und so stellst du es an:

1. **Stelle eine Liste auf von allen Leuten – ja, von allen –, die über ein ähnliches Projekt geschrieben oder etwas darüber geteilt haben.** Eine Geschäftseröffnung. Eine Geschäftsschließung. Die

Einführung eines neuen Produkts. Eine Verabredung in diesem Geschäft. Diese Leute bezeichnen wir als *Fachexperten.*

2. **Kontaktiere sie alle persönlich.** Biete ihnen an, dein Produkt vorzuführen oder triff dich mit ihnen in deinem Laden oder lade sie zu einem Gratisessen ein. Bei Gumroad habe ich das Hunderte Male gemacht. Und Tausende Kreateure später nehme ich immer noch Kontakt mit einem Kreateur auf, wenn ich glaube, dass Gumroad ihm oder ihr weiterhelfen könnte.
3. **Bitte sie um ihr ehrliches, persönliches Feedback.** Bitte sie nicht um eine Rezension, ein Social-Media-Posting oder darum, dass sie ihren Freunden von dir erzählen. Dein Ziel ist es, dein Produkt zu verbessern, und du solltest deutlich machen, dass du ihre Unterstützung sehr zu schätzen weißt.

Zu dem Zeitpunkt, an dem du dein Produkt auf den Markt bringst, gehörst du vielleicht zu einer Gemeinschaft, aber sie wird mit deinem Unternehmen wachsen und sich verändern. Das geschieht einfach, weil man neue Überschneidungspunkte und gemeinsame Bedürfnisse entdeckt und einen weiteren Kreis von Menschen wissen lässt, dass man eine neue Lösung für ihr Problem gefunden hat. Und mit etwas Glück wird sich aus deinen Kunden mit der Zeit eine eigene Gemeinschaft entwickeln.

Hier geht es darum, Beziehungen aufzubauen. Du wirst für lange Zeit in diesem Geschäft arbeiten, und es ist wesentlich einfacher, einen Kunden zu halten als einen neuen zu finden. Mache nie zu große Versprechungen. Sei ehrlich, offen und immer freundlich. Zeige ihnen, wie du dein Produkt kürzlich verbessert hast. Erzähl ihnen von deinem letzten Fehlschlag. Verkaufe ihnen nicht nur dein Produkt, sondern lass sie an deiner Reise und deinen Erkenntnissen teilhaben.

Kaltakquise: E-Mails, Anrufe und Nachrichten*

Lange bevor du das Ende der Liste von Menschen, die du schon kennst oder kennen könntest, erreicht hast, wirst du viele E-Mails verschicken, du wirst viele Anrufe tätigen und du wirst an viele Türen klopfen. Dein Job ist es, Freunde, Verwandte und Mitglieder deiner Gemeinschaft zu kontaktieren, die du vielleicht schon länger nicht mehr gesehen hast. Bei deinen Anrufen kannst du ihnen erzählen, woran du gerade arbeitest, und sie fragen, ob sie Kunde werden wollen. Manche werden ja sagen, viele aber auch nein. Sobald du mit den Neins klarkommst, bist du bereit, dein Produkt an Fremde zu verkaufen.

In den Anfangstagen (will heißen: Jahren) von Gumroad suchten wir das Web nach Leuten ab, die von einem Produkt wie Gumroad profitieren konnten, und erzählten ihnen dann davon. Das machten wir Tausende Male. Wenn man jung ist und sich keiner darum schert oder weiß, wer man ist, bringt man nur so Leute dazu, ein Produkt zu nutzen.

Mit der Zeit kann man das immer weiter zurückfahren. Aber bis man viele Kunden hat oder von einer anderen Kraft weitergetragen wird, gibt es nichts Besseres, als an Türen zu klopfen. Es ist eine bewährte Methode, die auch von Wahlhelfern angewendet wird, der Kirche Jesu Christi der Heiligen der Letzten Tage und anderen … weil sie funktioniert! Glaub mir, wenn es eine bessere Möglichkeit gäbe, hätte man sie längst gefunden.

Auch Katrina Lake, CEO von Stichfix und laut der Zeitschrift Forbes im Jahr 2020 eine der reichsten Selfmadefrauen,[58] betrieb am Anfang Kaltakquise per Telefon und Nachrichten über LinkedIn an potenzielle Investoren.[59] »Je schamloser du sein kannst, je dicker dein Fell ist, umso besser«, sagt sie. »Leute werden nicht zurückschreiben,

* Kaltakquise per Telefon, Fax etc. ist in Deutschland vor allem bei Privatpersonen gesetzlich verboten. Wie man als Gründer in Deutschland jedoch vorgehen darf, kann man hier nachlesen: https://www.fuer-gruender.de/wissen/unternehmen-fuehren/akquise/kaltakquise/ (Anm. d. Verl.)

sie werden Nein sagen, aber ab und zu wird jemand Interesse haben und Ja sagen. Und diese Chance hättest du nicht gehabt, wenn du vorher nicht die ganzen Neins kassiert hättest.«[60] Auch wenn es in deinem Fall nicht um Investoren geht, wirst du immer wieder von Gesprächspartnern ein Nein hören. Je früher du dich daran gewöhnst, je früher du aufhörst, es persönlich zu nehmen und stattdessen diese Neins als Lernchance nutzt, umso besser.

Ja, es ist schwierig und unangenehm, auf andere Menschen zuzugehen, die du nicht persönlich kennst und von denen viele dich ignorieren oder zurückweisen werden. Wer auf anderen Wegen Kunden zu erreichen versucht, etwa über Suchmaschinenoptimierung (SEO) oder Content-Marketing, sucht meiner Meinung nach so nach einer Möglichkeit, das zu vermeiden. Wenn du dazu gehörst: Hör auf! Es gibt keine andere Möglichkeit! Setze dich einfach auf deinen Hosenboden und suche nach Interessenten, nimm persönlich Kontakt zu ihnen auf per E-Mail, Telefon oder wie auch immer, und stelle dich darauf ein, dass es eine Zeit lang unangenehm sein wird. Du wirst vielleicht feststellen, dass es sehr viel einfacher ist, über deine Prozesse, dein Produkt und den Weg, den du zurückgelegt hast, zu sprechen, als du glaubst. Immerhin ist es dein Werk, und du solltest begeistert und stolz sein, wenn du es der Welt vorstellst, also überspringe diese Chance auf neue Erkenntnisse nicht.

Eine brillante Markteinführung ändert nichts daran. Fanfaren bringen keine echten Kunden, wie Quibi erkennen musste. Beständiges Wachstum entsteht erst nach langer Zeit und wird, insbesondere am Anfang, vor allem von der harten Arbeit eines Verkaufsteams angetrieben – angefangen bei dir selbst.

Als kleine Starthilfe gibt es hier ein Beispiel:

Hallo John,

ich habe gesehen, dass du auf deiner Website mithilfe von PayPal ein PDF verkaufst und manuell jedem eine E-Mail schickst, der das PDF kauft. Ich habe einen Dienst namens Gumroad, der das alles automatisch erledigt. Ich kann es dir gerne genau erklären, oder du siehst es dir einfach selbst an: gumroad.com.

Wir haben auch ein PDF mit den Erfahrungen, die unsere Kunden gemacht haben, das ich dir gerne schicken kann. Melde dich einfach.

Beste Grüße,
Sahil, Gründer und CEO von Gumroad

Kopiere deine Texte nicht einfach von einer Mail in die nächste. Mit jeder E-Mail wirst du lernen, noch bessere Mails zu schreiben. Wenn du es richtig machst, lernen nicht nur deine Kunden von dir, sondern du bringst dir selbst auch bei, was du verbessern kannst. Eine Lern-lern-Situation.

In der Anfangszeit werden manuelle »Verkäufe« 99 Prozent deines Wachstums ausmachen, später wird Mundpropaganda diesen Anteil übernehmen. Es ist keine schicke Antwort, aber sie ist wahr. Dinge wie bezahlte Werbung, SEO und Content-Marketing können später dazukommen, wenn du deine 100 Kunden hast und profitabel arbeitest und deine Kunden dich weiterempfehlen. Erst dann!

Das Beste daran ist, dass du, wenn du die 100 Kunden erreicht hast, mit derselben Strategie auch auf 1000 kommen kannst; und dann mit einer ähnlichen Strategie auf 10.000.

Beim Börsengang von Slack im Jahr 2020 mit einer Bewertung von 16 Milliarden US-Dollar zeigten die eingereichten Firmenunterlagen, dass nur 575 Kunden für fast 40 Prozent des Umsatzes verantwortlich waren. Offenbar brauchst du also weit weniger Kunden, als du vielleicht glaubst.

Große netzwerkorientierte Tech-Unternehmen brüsten sich mit beeindruckenden Zahlen, aber ihr eigentlicher Gewinn (so sie denn überhaupt Gewinn machen) stammt von einem winzigen Teil ihres Gesamtpublikums. Wir anderen ignorieren die Lurker und Trittbrettfahrer besser komplett und konzentrieren uns auf unsere wichtigsten Kunden. Je nach Produkt oder Dienstleistung reichen zwischen ein paar Dutzend und wenigen Hundert regelmäßigen Kunden, um ein Unternehmen langfristig lebensfähig zu halten.

Mailchimp ist ein gutes Beispiel dafür, dass es sinnvoller sein kann, sich auf kleinere, zuverlässige Kunden zu konzentrieren, als nach den Sternen zu greifen. Ben Chestnut und Dan Kurzius hatten bei der Gründung ihrer Webdesign-Agentur Rocket Science Group vor allem große Unternehmen als Kunden im Blick, bauten aber gleichzeitig Mailchimp auf, einen E-Mail-Marketingdienst für kleine Unternehmen. Nach etwa sieben Jahren gaben sie die Webdesign-Agentur jedoch auf, weil sie festgestellt hatten, »dass ihnen die Arbeit für kleine Unternehmen die Freiheit gibt, um kreativer zu sein und schnell auf neue Anforderungen zu reagieren«.[61]

Chestnut und Kurzius haben vielfältige Angebote, aber für bis zu 2500 E-Mails im Monat ist Mailchimp kostenlos.[62] Wenn Kunden längere Mailinglisten haben oder Sonderleistungen brauchen, gib es verschiedene Tarife ab 11 Dollar pro Monat aufwärts. (Zu verschiedenen Preisstufen siehe weiter oben.) Mailchimp könnte seinen Kundenstamm auf große Unternehmen oder Organisationen ausweiten, aber die Basis sind immer noch die kleinen Unternehmen, und Mailchimp ist seiner Mission, neue Funktionen für ihre Kerncommunity zu entwickeln, immer treu geblieben.

Das ist vielleicht überraschend, aber kein Zufall. Die Mitglieder der Gemeinschaft sind und bleiben die wichtigsten Kunden, ob man gerade erst anfängt oder schon seit Jahren im Geschäft ist. Sie vertrauen dir, weil du ihnen geholfen hast, ihr eigenes Unternehmen voranzutreiben.

Da ist es nicht verwunderlich, dass sie auch dich unterstützen, wenn du selbst ein Unternehmen gründest.

Das gilt nicht nur für große SaaS-Unternehmen, sondern auch für kleinere Betriebe. Über die ganze Bandbreite minimalistischer Unternehmen ist ein Muster erkennbar: Schließe deine Verkäufe manuell ab, finde deine Gemeinschaft, rede über deine Entwicklungsreise, stelle deine Kunden in den Mittelpunkt und sorge dafür, dass authentisch über dich berichtet wird. Wenn du bei deiner Gemeinschaft anfängst und dich weiterhin um sie kümmerst und ihre hartnäckigen Probleme löst, dann können dich jene ersten Kunden sehr weit bringen.

Beim Wachstum um jeden Preis verkauft man an Fremde, um skalieren zu können, aber bei Profitabilität um jeden Preis ist man nicht auf Fremde angewiesen, um das Unternehmen über Wasser zu halten. Stattdessen stützt man sich auf bestehende Kunden aus den eigenen Gemeinschaften und später aus dem Publikum. Sie erzählen von dir, wenn sie es für richtig halten, und so kannst du wachsen. Die genaue Rechnung sieht bei jedem anders aus, aber das Ziel ist dasselbe: finanzielle Unabhängigkeit. Ich brauchte am Anfang etwa 2000 Dollar pro Monat, um meinen Lebensstil zu finanzieren.

Wenn dein Produkt 10 Dollar pro Monat kostet, wie Gumroad, dann brauchst du dafür 200 Kunden. Das klingt gar nicht schlecht. Ein Jahr hat etwa 260 Arbeitstage, das heißt, dass du es in weniger als einem Jahr schaffen kannst, wenn du an jedem Arbeitstag einen neuen Kunden gewinnst.

Das klingt gar nicht so schwer, oder? Vielleicht verkaufst du bei deinem Brotjob schon ein Produkt eines anderen. Verkaufe dein eigenes!

Daniel Vassallo @dvassallo · Dec 30, 2019

2000 customers @ $39/month is almost $1M/year.

- You don't need to dominate the market.
- You don't need to disrupt anything.
- You don't need to conquer the competition.

You can add 1 new customer/day & before you know it, you'll have a $1M/yr machine. Wouldn't that be enough?

144 1.2K 7.6K

2000 Kunden @ $39/Monat sind fast $1 Mio./Jahr

- Man muss den Markt nicht dominieren.
- Man muss nichts zerstören.
- Man muss die Konkurrenz nicht besiegen.

Mit nur 1 Neukunden/Tag hat man im Handumdrehen $1 Mio./Jahr. Wäre das nicht genug?

Verkaufen wie Jaime Schmidt

Jaime Schmidt veranstaltete nie eine Eröffnungsfeier für Schmidt's Naturals, eine Handelsmarke für natürliche Deos, die sie im Jahr 2010 gründete. Stattdessen feierte sie kleine Meilensteine auf ihrem Weg, bis sie ihr Unternehmen im Jahr 2017 für 100 Millionen US-Dollar an Unilever verkaufte.

Als Jaime mit ihrem Sohn schwanger war, lernte sie in einem Kurs, wie man Shampoo selbst herstellen kann, und beschäftigte sich danach eingehend mit natürlichen Pflegeprodukten. Es gab Hunderte von Rezepturen für Seifen und Lotionen, aber nur wenige, wenn überhaupt, für Deos, obwohl viele Leute Bedenken wegen der Zutaten in herkömmlichen Produkten hatten. Jaime probierte alle natürlichen Deos aus, aber keines funktionierte für sie, also beschloss sie, selbst eines herzustellen.[63] Sie experimentierte monatelang, bis sie eine wirksame Rezeptur fand und auf einen Duft stieß, der sie begeisterte: Zedernholz.[64] Sechs Monate nach dem Shampookurs hatte sie eine Produktlinie mit Lotionen und Deos und war bereit für ihre ersten Kunden.

Sie richtete eine einfache Website und eine Facebookseite für ihr Geschäft ein und postete dort Artikel und Rezepte.[65] In den ersten Monaten verkaufte sie ihre Produkte auf Kommission in zwei kleinen Regionalwarenläden in Portland und an ihrem eigenen Stand bei Straßen- und Bauernmärkten in der Stadt. Die Leute probierten an ihrem Stand die Deos und Lotionen aus, und sie sammelte Erfahrungen im Gespräch mit potenziellen Kunden: Sie fragte sie, welche Produkte sie benutzten; sie sprach über ihre Produkte und erzählte, wie sie sie getestet hatte; und sie überzeugte die Menschen, dass ihr natürliches Deo tatsächlich funktionierte.

Im Jahr darauf beschloss sie, mit ihrer Idee aufs Ganze zu gehen. Sie nahm zwei Teilzeitjobs in Läden an, die ihre Produkte verkauften, womit sie gleich zwei Fliegen mit einer Klappe schlug. Erstens gewann sie in den Gesprächen mit der Kundschaft neue Erkenntnisse über ihre eigenen Produkte und über die internen Abläufe im Einzelhandel. Aber genauso wichtig war, dass das Einkommen aus diesen Jobs das finanzielle Startkapital für Schmidt's lieferte.[66] Die Kunden im Laden und auch die Menschen, die sie bei den Festivals und Märkten traf, waren begeistert von ihren Deos; oft kamen sie wieder, um ihr zu sagen, wie gut sie funktionierten, und um mehr zu kaufen.[67] Schmidt sagt: »Dank des frühen Kundenfeedbacks konnte ich meine Rezeptur perfektionieren, zukünftige Düfte festlegen und erkennen, wo ich die größte Wirkung erzielte.« Nachdem sie ihr Deo verfeinert hatte, »gaben mir Kunden die Bestätigung, dass mein Produkt überraschend gut funktionierte, und sie erzählten es weiter«.[68]

Im Jahr 2012 legte Schmidt eine neue, moderne Verpackung für ihr Deo vor, die ihr Produkt von den Produkten der Konkurrenz abheben sollte. Sie suchte nach Absatzkanälen jenseits des Verkaufs direkt an die Endkunden und die Bio- und Wellnesshändler, die ihre Mitbewerber fast ausschließlich nutzten. Im Jahr 2015 bezog sie auch herkömmliche Lebensmittelläden und Drogerien mit ein, wodurch sie mehr Kunden erreichte und ihre gesunden, natürlichen Produkte weiter verfügbar machte.

Ihre Kreativität, ihr Erfindungsreichtum und ihre harte Arbeit zahlten sich aus. Schmidt wurde zum Interview bei Fox News und in The Today Show eingeladen, Promis und Influencer erwähnten sie in den sozialen Medien, und sie schaffte es in die Regale der Supermarktketten Target und Walmart. Schließlich musste Jaime einsehen, dass ein größeres Unternehmen mit mehr Ressourcen ihre Vision und Mission zu einer noch größeren Kundenbasis weitertragen konnten, und sie unterschrieb kurz vor Weihnachten 2017 den Vertrag mit Unilever, eine bittersüße Erfahrung.

Rückblickend sagt sie: »Wenn ich gefragt werde, was den Erfolg von Schmidt's ausgemacht hat, sage ich oft, dass meine Kunden mein Businessplan waren. Es hat damit angefangen, dass ich ihnen auf den Bauernmärkten zugehört habe, und es hat sich durch alle Wachstumsschritte hindurch gezogen. Immer genau auf meine Kunden zu achten, hat mich immer geleitet und mir gute Dienste geleistet.« Kein Vertrieb. Kein Marketing. Kunden, informieren und informieren lassen.

Startschuss zum Feiern

Eine Eröffnungsfeier ist ein Sprungbrett. Etwas, das stattfindet, wenn man bereits Kunden hat, es gut läuft und dauerhaften Erfolg verspricht. Viele Unternehmen verschwinden innerhalb eines Jahres danach wieder vom Markt. Warum sollte man so ein Aufheben um ein

Unternehmen machen, bevor man sicher ist, dass es Bestand hat? Baue lieber ein erfolgreiches Unternehmen auf und feiere dann deinen Erfolg. Bezahle die Feier mit dem Gewinn deines Unternehmens, nicht aus eigener Tasche.

Oder noch besser: Feiere den Erfolg deiner Kunden! Ein Meilenstein ist ein großartiger Grund zum Feiern. Warum keine Party für den 100. Kunden schmeißen? Wenn du ein wachsendes, profitables Unternehmen mit 100 Kunden hast, die dich mögen und die dir wichtig sind, dann kannst du sie feiern. Veranstalte ein Fest. Lade alle Kunden ein und danke ihnen für ihre anhaltende Unterstützung.

Wenn du das machst, werden die Kunden vor deiner Tür Schlange stehen. Es werden Menschen darunter sein, die du bereits kennst und die dich kennen. Manche werden Freunde und Verwandte mitbringen und vielleicht auch Mitglieder ihrer eigenen Gemeinschaften. Sie werden womöglich sogar im Vorfeld Werbung für dein Fest machen, weil du ihnen davon erzählt hast und sie dich gerne dabei unterstützen. Ein weiterer Pluspunkt: Sie können sich mit anderen darüber unterhalten, wie toll dein Produkt ist und wie viel besser ihr Leben dadurch geworden ist. Womöglich sind deine Kunden noch bessere Verkäufer als du selbst. Wunderbar – es gibt mehr von ihnen als von dir!

Oder vielleicht beschließt du, gar keine »Eröffnungsfeier« zu machen. Auch das ist okay. Aber Unternehmertum kann ein einsames Geschäft sein, und es ist eine gute Ausrede, um deine Gemeinschaft zu versammeln und für ihre bisherige Unterstützung zu belohnen.

Wenn du 100 Kunden gewonnen hast, manche von ihnen inzwischen Stammkunden, die dein Produkt besser verkaufen, als du es kannst, dann bist du bereit für das nächste Kapitel deiner Unternehmung: Marketing.

DAS WICHTIGSTE IN KÜRZE

- Eröffnungsfeiern und offizielle Markteinführungen sind verlockend, aber sie sind eine einmalige Sache, auf die ich dein Unternehmen nicht verwetten würde. Warte lieber, bis du ein Produkt mit zahlenden Stammkunden hast. Feiere dann, um ihnen zu danken!
- Dein Produkt (oder deinen Service) direkt an Kunden zu verkaufen ist ein langsames Geschäft, aber es lohnt sich. Es wird dich zu einem viel besseren Produkt führen, weil es bei dem Verkaufsprozess weniger darum geht, jemanden zu überzeugen, als etwas zu entdecken.
- Verkaufe zuerst an Familie und Freunde, bevor du es bei deiner Gemeinschaft versuchst und dann, ganz am Ende, wenn überhaupt, bei Wildfremden. (Je größer die Distanz, umso schwieriger werden sie zu überzeugen sein.)

Lesetipps:

- Lies *Denken hilft zwar, nützt aber nichts* von Dan Ariely, ein Buch über menschliche Psychologie und Preisgestaltung.
- Lies *Wie man Freunde gewinnt* von Dale Carnegie, das beste Buch über das »Verkaufen«, das ich je gelesen habe.
- Erfahre, wie wichtig Kaltakquise per E-Mail beim frühen Wachstum von Gumroad war, in diesem Interview, das ich mit Indie Hackers geführt habe: https://www.indiehackers.com/interview/i-started-gumroad-as-a-weekend-project-and-now-it-s-making-350k-mo-4fc6cbc0e8.

5

BEIM MARKETING AUTHENTISCH BLEIBEN

Beim Marketing geht es eigentlich nur darum, die eigene Leidenschaft mit anderen zu teilen.[69]

– MICHAEL HYATT

Herzlichen Glückwunsch! Du hast eine Gemeinschaft, ein Produkt und 100 Kunden. Das bedeutet, dass du einen Product-Market-Fit erreicht hast, was speziell für minimalistische Unternehmen Folgendes bedeutet: Stammkunden. Mit Kunden, die mehrfach bei dir einkaufen, kann dein Unternehmen fortbestehen, auch ohne ständige Neuakquise, sodass du jetzt daran gehen kannst, dein Geschäft zu vergrößern. Als Erstes werden Kundenakquise und Verkaufsstrategie skaliert, danach das Unternehmen, am Ende die Ziele.

Wo passt da Marketing hinein?

Marketing ist Vertrieb in größerem Maßstab. Vor dem Minimum Viable Product haben wir den Manual Valuable Process erstellt. Und bevor du mit dem Marketing anfangen kannst, musst du an deine ersten 100 Kunden verkaufen, weil du dein Marketing auf dem Vertriebsprozess aufbaust. Vertrieb ist nach außen gerichtet und persönlich, Marketing ist nach innen gerichtet und zielt darauf ab, Hunderte potenzieller Kunden gleichzeitig anzusprechen. Der Vertrieb hat dir 100 Kunden beschert. Marketing hilft dir, 1000 zu erreichen.

Aber Marketing ist nicht dasselbe wie Werbung. Werbeanzeigen kosten Geld, und minimalistische Unternehmer geben nur dann Geld aus, wenn es sich nicht vermeiden lässt. Mehr zu Werbeanzeigen gibt es später in diesem Kapitel, weil sie Teil des Marketings sind, aber nach echt minimalistischer Art fangen wir mit den kostenlosen Möglichkeiten an. Denn erst, wenn du durch den Vertrieb genug gelernt hast, bist du bereit, Geld für Marketing auszugeben – ganz so wie du es schon bei den Arbeitsabläufen für dein Produkt gehandhabt hast.

Erst Zeit zu investieren statt Geld, ist am Anfang immer besser. Blogeinträge sind kostenlos. Twitter, Instagram, YouTube und Clubhouse sind ebenfalls kostenlos. Statt Geld auszugeben, fangen wir lieber damit an, ein Publikum aufzubauen.

Die Macht des Publikums

Beim Start deines Unternehmens hast du dir eine bereits bestehende Gemeinschaft zunutze gemacht, und jetzt ist es an der Zeit, einen Schritt weiterzugehen und ein eigenes Publikum aufzubauen. Worin besteht der Unterschied?

Deine Gemeinschaft ist ein Teil deines Publikums, aber dein Publikum ist nicht Teil deiner Gemeinschaft. Stattdessen ist ein Publikum ein Netzwerk aus allen Menschen, die du erreichen kannst, wenn du etwas zu sagen hast.

Dazu können deine Follower bei allen sozialen Medien gehören, die Follower deines Unternehmens, die Abonnenten deines E-Mail-Newsletters, die Leute, die jeden Tag am Schaufenster deines Ladens vorbeigehen und andere. Wenn du so vielen Menschen wie möglich sagen müsstest, dass in einer Stunde die Welt untergeht, wie viele könntest du dann erreichen? Das ist dein Publikum.

Durch das Verkaufen kannst du dich an diese neuen Leute herantasten, weil es dich zwingt, deine Blase zu verlassen und sie einzeln zu überzeugen, wobei du dein Produkt gleichzeitig immer weiter verbesserst. Marketing ist schwieriger, weil du dabei nicht auf deine Kunden zugehst, sondern sie dazu bringen musst, ihre Blasen zu verlassen und zu dir zu kommen. Menschen haben ein Leben und müssen Dinge erledigen, und heute dein Produkt zu verwenden, steht wahrscheinlich nicht auf ihrer Prioritätenliste.

Aber wenn du herausfindest, wie du deine Kunden zu dir bringen kannst, wird es dir sehr viel leichter fallen, dein Unternehmen an allen Fronten zu skalieren. Neue Mitarbeiter zu finden, wird einfacher, der Vertrieb wird einfacher, Wachstum wird einfacher. Alles wird einfacher, was den Aufbau eines Unternehmens betrifft, wenn eine Gruppe von Menschen, die jeden Tag größer wird, dich bei deinem Erfolg unterstützt.

Im letzten Kapitel ging es darum, an den ersten Kunden zu verkaufen, will heißen: deine Freunde, Familie und Gemeinschaft. In diesem Kapitel werden wir besprechen, was du tun kannst, wenn du schon bei jedem angefragt hast, den du kennst. Ich bin kein großer Freund davon, an Fremde zu verkaufen, aber wenn es darum geht, Fremde in dein Publikum einzuladen und aus ihnen mit der Zeit Kunden zu machen, sieht das völlig anders aus.

Fremde werden nicht in einem Schritt zum Kunden. Sie werden sich erst vage deiner Existenz bewusst, werden mit der Zeit langsam Fans und sind am Schluss schließlich Kunden, danach vielleicht Stammkunden, die anderen von dir erzählen.

Fange damit an, Fans zu gewinnen.

Fans statt Schlagzeilen

Denke an ein Unternehmen, das du magst. Kennst du die Namen der Gründer? Kannst du dir vorstellen, wie ihre Büros aussehen? Hörst du ihre Stimmen in deinem Kopf? Ich wette, die Antwort lautet für viele Unternehmen ja.

Warum ist das so? Weil du Artikel über sie gelesen hast und ihnen in den sozialen Medien folgst. Die Wahrscheinlichkeit, dass du ihre Produkte kaufst, ist dadurch erhöht, wenn du es nicht bereits getan hast.

Leider fühlen sich die meisten Gründer nicht wohl damit, sich selbst ins Zentrum ihrer Unternehmensgeschichte zu stellen. Aber das solltest du tun. Menschen scheren sich nicht um Unternehmen, sondern um andere Menschen. Und du hast etwas aus dem Nichts erschaffen. Du liebst, was du tust. Du musst der Welt nicht sagen, was du zum Mittagessen hattest, aber deine mühsam erworbenen Erkenntnisse solltest du mit der Welt teilen.

Viele Gründer leiden am Hochstapler-Syndrom, auch wenn sie noch so erfolgreich sind. Es gibt so vieles, was du nicht weißt, und so viele Menschen sind sachkundiger als du. Es gibt größere Unternehmen als deines mit mehr Umsatz, mehr Mitarbeitern und mehr Auszeichnungen.

Das wird immer so sein, und es ist egal. Du hast etwas zu bieten, und deinen Kunden ist das wichtig. Sie bezahlen dich für deine Arbeit, sie interessieren sich dafür, was du denkst, und sie wollen wissen, warum du bestimmte Entscheidungen so getroffen hast und nicht anders und wie dein Produkt entstanden ist. Je mehr du dich weiterentwickelst, umso besser wird dein Produkt werden. Du wirst mehr Glaubwürdigkeit und Vertrauen gewinnen. Und du wirst so viel gelernt haben, dass auch andere Nutzen daraus ziehen können. Das ist alles bereits geschehen, als du in deiner Gemeinschaft aktiv wurdest und an deine ersten 100 Kunden verkauft hast. Du hast als Mensch eine Verbindung zu anderen Menschen hergestellt, ihnen deine Geschichte erzählt und dir ihre Geschichten angehört.

Wenn du ein Publikum aufbaust und damit den ersten Schritt machst, um Fans zu gewinnen, führst du diese Gespräche einfach nur in größerem Maßstab.

Der minimalistische Marketing-Trichter

Die Entwicklung jedes Kunden wird anders verlaufen, aber am Anfang steht immer ein Mensch, der keine Ahnung hat, wer du bist oder was du verkaufst. Irgendwann werden sie bei Instagram oder in einem

Forum oder im Tweet eines Freundes auf dein Produkt stoßen. Fast jeder wird es wieder vergessen. Eines Tages vergeben sie dann vielleicht doch ein »Like«, auch wenn sie nachher nicht mehr wissen, wer es gepostet hat. Das machen sie vielleicht ein paarmal.

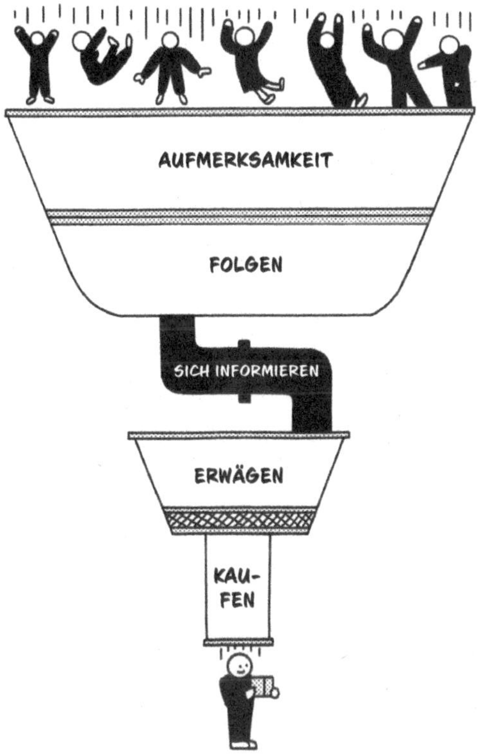

Irgendwann wird ihr Interesse erwachen – nicht an deinem Produkt, sondern daran, was du oder dein Unternehmen zu sagen haben. Sie werden auf den großen »Folgen«-Button klicken. Vielleicht sehen sie sich auch deine Website an. Wenn ihnen gefällt, was du denkst, was du sagst und wie du es sagst, dann gefällt ihnen vielleicht auch, was du aufgebaut hast.

Die meisten Menschen werden nicht zu deinem Unternehmen passen. Das ist okay. Dein Publikum wird viel größer werden als dein

Kundenstamm – aber dein Kundenstamm ist eine Untermenge, vielleicht die leidenschaftlichste, deines Publikums.

Wenn es doch passt, dann werden sie über dein Produkt nachdenken. Dann werden sie ihre Kaufabsicht signalisieren, indem sie sich für ein Kundenkonto anmelden und dann Funktionalität, Preis und anderes abschätzen. Und eines Tages werden sie kaufen.

Du bist wahrscheinlich versucht, so viele Schritte wie möglich aus diesem Ablauf zu überspringen oder du fügst sogar weitere Schritte hinzu, wie eine kostenlose Probezeit. Aber du kannst diesen Prozess nicht abkürzen, so sehr du das auch möchtest. Jeder Kunde wird erst auf dich und dein Produkt aufmerksam werden, dir dann folgen, sich informieren, einen Kauf erwägen und schließlich kaufen (und das hoffentlich mehrfach!).

Das obere Ende des Trichters: soziale Medien und SEO

Da draußen gibt es 8 Milliarden fremde Menschen, mit denen du ein Gespräch führen könntest. Aber wo fängst du damit an? Bei den Gemeinschaften deiner Bestandskunden, denen du selbst nicht angehörst, und von dort greifst du weiter aus. Marketing ist Vertrieb zweiten Grades, entsprechend sollten deine Bestandskunden bereits Mundpropaganda für dein Produkt betreiben. Im Idealfall tun sie das, weil sich dadurch ihr Produkterlebnis verbessert. Deine Kunden könnten, zum Beispiel, bei einem ersten Date in dein Eiscafé gehen.

Du kannst auch zusätzliche Anreize dafür bieten. Wenn du ein Eiscafé hast, dann könntest du jedem ein Gratiseis versprechen, der eine Story über dich bei Instagram veröffentlicht.

In der analogen Welt gibt es den Begriff der »Laufkundschaft«. Immobilienmakler betonen immer, wie wichtig die Lage ist. Sie ist wichtig, weil Menschen in der physischen Welt ihrem Alltag nachgehen, und wenn du zufällig dort bist, wo sie sich gerade aufhalten, dann kannst du etwas verkaufen, das du sonst nicht verkauft hättest.

In den sozialen Meiden ist das nicht wesentlich anders. Statt der Fußgängerzone gibt es hier die »Explore«-Seite. Statt der Einkaufsstraße zeigt dir der Twitter-Algorithmus Dinge, die dir gefallen (oder dich aufregen) könnten.

Diese Algorithmen schätzen die theoretische »Qualität« deines Contents ein. Jede Plattform hat dabei ihr eigenes »Geheimrezept«, aber meistens werden dabei solche Inhalte ausgewählt, die dafür sorgen, dass der Nutzer länger auf der Seite verweilt. Im Allgemeinen heißt das, dass dein Content Likes bekommt, geteilt und kommentiert wird oder andere positive Rückmeldungen durch den Verbraucher auf der anderen Seite des Bildschirms bekommen sollte.

Auch für digitale Produkte ist die Lage wichtig, wenn auch anders als für das Eiscafé. So wie man sich je nach Kunden, die man anziehen will, dafür entscheidet, den Laden in einer bestimmten Einkaufspassage einzurichten, so gibt es auch online an verschiedenen Orten ein anderes Publikum.

Twitter war, um ein Beispiel zu nennen, ein großartiger Startpunkt für Gumroad, wegen der »Retweet«-Funktion. Darüber konnten unsere kreativen Kunden unsere Tweets mit ihrem eigenen Publikum teilen. Ich habe schon erlebt, dass jemand, der vorher wenige Hundert Follower hatte, Tausende Follower dazubekam, weil ein einziger beliebter Account seine Idee retweetet hatte. Außerdem entsteht so eine sehr schnelle Feedbackschleife, weil es oft einfacher ist, zu twittern als die Bilder, Videos oder Audiodaten herzustellen, die man für Postings in anderen sozialen Netzwerken braucht.

Aber es kommt immer darauf an. Vielleicht ist Instagram die perfekte Plattform für dein Unternehmen. Oder YouTube, Reddit oder Pinterest. Probiere alle aus. Zum Glück ist es sehr viel günstiger und einfacher, eine neue Online-Plattform auszuprobieren, als mit einem Laden umzuziehen. Die Welt ist im Wandel, und ständig tauchen neue Plattformen auf. Womöglich hast du auf TikTok, Clubhouse oder Dispo mehr Erfolg oder auf einer Plattform, die jetzt noch gar nicht existiert. Wichtig ist, dass du überhaupt anfängst. Irgendwann wirst du die Plattform finden, auf der du authentisch für dein Unternehmen werben kannst.

Erste Schritte in den sozialen Medien

- **Lege zwei Konten an.** Eines ist dein persönliches Konto (du, der Mensch), das andere dein Geschäftskonto (du, das Unternehmen). Mein persönliches Konto ist @shl, das von Gumroad @gumroad. Über mein persönliches Konto ermutige ich andere Menschen, ihr eigenes Unternehmen zu gründen. Wenn du dieses Buch liest, überrascht dich das wahrscheinlich nicht. Das Konto von Gumroad soll Menschen dazu inspirieren, Dinge zu erschaffen, auf Gumroad oder anderswo. Es gibt feine Unterschiede – Menschen, die etwas erschaffen, und Eigentümer von Unternehmen sind verschiedene Identitäten, aber die grundsätzlichen Fragen sind dieselben: Wer ist dein Publikum, was wollen sie vom Leben und wie kannst du dabei helfen, dass sie ihre Ziele erreichen?
  Zu viele Leute denken, dass ein Geschäftskonto ausreicht. Nein, tut es nicht. Den Menschen liegt nichts an deinem Unternehmen und seinen Erfolgen, es liegt ihnen etwas an dir und deinen Kämpfen.
- **Poste keine Bilder vom Mittagessen.** Status-Updates über dein Leben und deine Arbeit sind okay, aber sie ziehen kein neues Publikum an. Die Zeiten, in denen du in den sozialen Medien über dein Mittagessen diskutiert hast, sind vorbei, auch auf deinem persönlichen Konto. Dein Ziel ist nun, deine Reichweite auszudehnen und Fremden, die dich im Internet finden, den größtmöglichen Wert zu bieten.
- **Sei authentisch.** In den sozialen Medien geht es um Ideen, nicht um Menschen. Sei du selbst, aber bringe vor allem deine Kernwerte zum Ausdruck. Was hast du gelernt? Welche Gespräche hast du geführt? Du bist hier, um etwas zu geben, nicht, um etwas zu verlangen. Denke daran: Hier geht es nicht ums Verkaufen.
  Dein Geschäftskonto sollte deinem persönlichen Konto ähneln, weil hinter beiden du steckst, und bei beiden sollte es um Ideen gehen, sodass du ständig etwas Wertvolles gratis anbietest. Es fühlt sich vielleicht seltsam an, dass du dort nicht von einer neuen Kun-

denfallstudie oder einer neuen Funktion erzählst, die du veröffentlicht hast. Aber solche Sachen sind deinem Publikum, ehrlich gesagt, egal. Sie wollen abnehmen, lachen, unterhalten oder klüger werden, Zeit mit ihren Lieben verbringen, rechtzeitig zu Hause sein, ausreichend schlafen, gutes Essen und glücklich sein. Hilf ihnen dabei.

- **Baue dein Unternehmen in der Öffentlichkeit auf.** In Kapitel 2 habe ich über die Gemeinschaft gesprochen und darüber, dass du mit anderen teilen solltest, was du gelernt hast, während du Teil einer Gruppe ähnlich gesinnter Menschen wurdest, die die gleichen Interessen haben. Jetzt solltest du für dein Unternehmen einen Schritt weiter gehen. Du solltest deine Erkenntnisse nicht nur teilen, um die Verbindung zu deiner Gemeinschaft aufrechtzuerhalten, sondern du solltest auch dein Unternehmen in der Öffentlichkeit aufbauen und deine Kunden an diesem Prozess teilnehmen lassen. Du musst kein Genie sein oder auch nur so tun, als wärst du eins. Du musst deinem Publikum nur in einer Sache einen Schritt voraus sein.
- **Vertraue der Feedbackschleife.** Fange an zu teilen, dann wirst du schnell herausfinden, was funktioniert und was nicht. Das Tolle an den sozialen Medien ist, dass man sofort eine Reaktion von den Followern bekommt (oder eben nicht bekommt). Je größer dein Publikum wird, umso mehr Daten wirst du erhalten, sodass du jeden Tag auswerten kannst, was funktioniert hat, was nicht und warum nicht. »Funktionieren« bedeutet für jedes Unternehmen etwas anderes, aber letztendlich sollten deine Bemühungen objektiv quantifizierbar werden und in irgendeiner Weise zu deinem Einkommen beitragen.

Wie bei deinem Produkt ist auch das, was du in den sozialen Medien teilst, nur so gut, wie die Menschen es erleben. Das gilt für Facebook, Instagram, YouTube, Reddit, Pinterest und jede andere Online-Plattform, die Gleichgesinnte miteinander verbinden. Es gibt feine Unterschiede, aber die findest du schnell heraus.

Nach kurzer Zeit wirst du vorhersagen können, wie etwas ankommen wird, bevor du es veröffentlicht hast. Aber nachdem ich es selbst schon durchgemacht habe, kann ich dir dabei helfen. Ich habe herausgefunden, dass sich die Arten von Content, die Menschen teilen, in drei Stufen einteilen lassen, wobei jede ein höheres Reichweitenpotenzial hat als die vorherige.

Informieren, inspirieren, unterhalten

Gleich zur »effektivsten« Art von Content vorzuspringen, mag verlockend sein, aber wie beim Sport sollte man erst gehen, bevor man 5 Kilometer joggt, und 5 Kilometer joggen, bevor man einen Marathon läuft. Dein Körper braucht Zeit, um sich anzupassen, und mit deinem Kopf ist das genauso. Vor allem aber braucht auch dein Publikum diese Zeit.

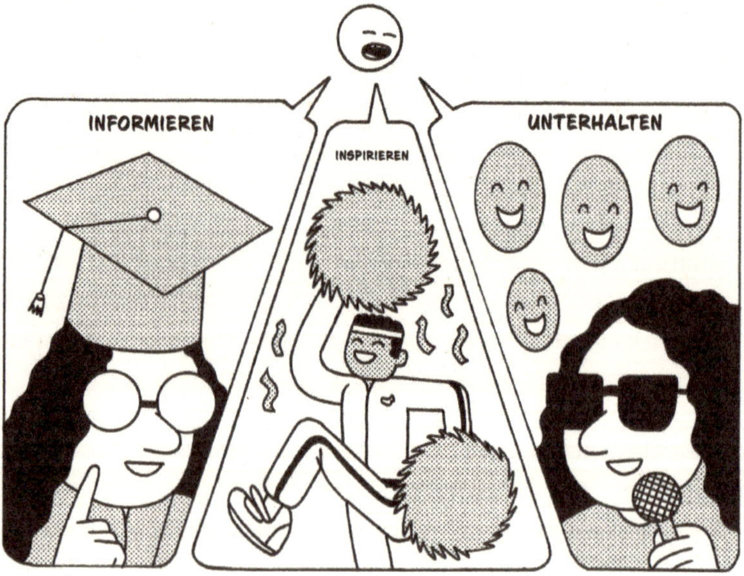

Mache deine Fehler, solange nur wenige Menschen zusehen. Erfolg in der Öffentlichkeit hat zur Folge, dass man auch in der Öffentlichkeit versagen kann. Baue dir daher das Selbstbewusstsein und die Sicherheit mit kleinerem Publikum auf, bevor du die Leiter hochkletterst.

STUFE EINS: INFORMIEREN

Nicht mehr nur man selbst sein, sondern zum Lehrer werden – diesen Übergang schaffen nur wenige, aber wer es schafft, erwirbt sich schnell ein Publikum, weil die Menschen in den sozialen Medien oft nach etwas suchen, das ihnen hilft, ein besseres Leben zu führen, etwas zu lernen oder Geld zu verdienen. So kannst du dir ein Publikum aufbauen, das über die Menschen hinausgeht, die dich bereits kennen. Dazu bietest du wiederholt etwas Wertvolles kostenlos an und verlangst dafür keine Gegenleistung. Das ist eine natürliche Fortsetzung dessen, was du in deiner Gemeinschaft getan hast, nur geht es jetzt um einen größeren Kreis von Menschen. Wenn du 100 Kunden hast, dann hast du mindestens 100 Dinge gelernt. Fange damit an, dass du diese Erkenntnisse teilst.

Dein bestehendes Publikum wird sich mit diesen Ideen auseinandersetzen, die besten davon an ihr eigenes Publikum weiter verbreiten, was dazu führt, dass dein Publikum größer wird. Du wirst das jeden Tag machen, weil es zu deinem Job gehört und weil du sowieso den ganzen Tag online bist.

Natürlich machst du nicht nur das. Du baust immer noch an deinem Unternehmen. Eine Internetpräsenz ist ein nachrangiger Indikator für den Erfolg deines Unternehmens und sollte immer erst an zweiter Stelle kommen.

Im Jahr 2008 verloren Jenny und Ron Doan den Großteil ihrer Ersparnisse in der Finanzkrise. Ihre Kinder, Al und Sarah, entwickelten einen Plan, um ihren Eltern zu helfen, finanziell wieder auf die Füße zu kommen. Sie kauften eine computergesteuerte Quiltmaschine für ihre Mutter, eine begeisterte Quilterin, die damit einen kleinen Laden in ihrer Heimatstadt Hamilton, Missouri, eröffnete. Al und Sara hofften, dass Jenny angesichts der Nachfrage und den langen Lieferzeiten für maschinell erstellte Quilts die Projekte anderer Quilter übernehmen und beenden konnte. Wenn sie so 10.000 Dollar pro Monat verdiente, dann könnte sie nicht nur davon leben, sondern auch die Ersparnisse der Familie wiederherstellen.

Das Geschäft lief so schlecht, dass ihre Idee von Beginn an zum Scheitern verurteilt schien. Al hatte bereits verschiedene Internetunternehmen aufgebaut und sah sich nach einer Möglichkeit um, wie er den Laden seiner Mutter bekanntmachen konnte. Allerdings hatte er keine Ahnung, wo Quilter im Internet abhingen. So fand er heraus, dass das Quilten noch gar nicht im Internet angekommen war und dass die meisten Quilter ihre Techniken und Muster streng geheim hielten. Dadurch wurden andere Quilter, vor allem Anfänger, ausgeschlossen, und es war wenig verlockend für sie, zu lernen, zu nähen und kreativ zu sein.

Al überredete Jenny, zehn YouTube-Tutorials aufzunehmen, in denen sie Quilttechniken vorführte, und der Rest ist Geschichte. Inzwischen hat Jenny mehr als 500 Videos produziert, die mehrere Millionen Mal aufgerufen wurden, und im Jahr 2020 hat die Missouri Star Quilt Company mehr als 1 Million Bestellungen ausgeliefert. Hamilton ist inzwischen »Das Disneyland des Quilts«, und die einst verfallende Kleinstadt hat heute mehr als 100.000 Besucher pro Jahr, die in die 16 Quiltshops von Missouri Star, die Restaurants und Seminarzentren gehen. All das entstand aus zehn YouTube-Videos.

Wenn du denkst: »Ich weiß nicht, wo ich anfangen soll«, oder: »500 Videos?!?«, dann erinnere dich daran, dass du diese Fähigkeiten inzwischen schon eine Weile trainiert hast. Du warst in deiner Gemeinschaft aktiv, hast kommentiert, Beiträge erstellt und warst kreativ. Hier tust du im Prinzip dasselbe, nur in größerem Maßstab. Es muss nicht ausgefeilt sein, es muss nicht produziert werden, es muss nicht perfekt sein. Wichtig ist, dass du dir jeden Tag eine bestimmte Zeit dafür reservierst und dass du anfängst.

STUFE ZWEI: INSPIRIEREN

Anderen etwas beizubringen ist ein großartiger Anfang, aber um über deine »Schüler« hinauszuwachsen, musst du mehr tun als informieren. Für Physik interessiert sich nur eine gewisse Menge an Leuten, aber Richard Feynman ist heute bekannter als jeder andere Physiklehrer, weil er über mehr spricht als reine Physik. Er nahm seine Erkenntnisse aus der Physik und machte daraus Erkenntnisse über das Leben. Formal ist seine Arbeit der Philosophie zuzuordnen.

An irgendeinem Punkt begann er, Menschen zu motivieren und sie dazu zu inspirieren, ein besseres Leben zu führen. So wie die Physik zur Untermenge seiner Lehre wurde, so wurden seine Physikstudenten zur Untermenge seines neuen Publikums; sehr viel mehr Menschen wollen ein besseres Leben führen als Physik lernen.

Wie kannst du andere motivieren und inspirieren? Du kannst deine Erfahrungen aus der Malerei, dem Schreiben, dem Design, der Softwareentwicklung oder der Physik auf das Leben anwenden und sie mit einem größeren Publikum teilen. Du kannst deine Projekte und Fortschritte dokumentieren: Wo du angefangen hast und wo du heute stehst. Wenn du mit Nahrungsergänzungsmitteln handelst, zum Beispiel, wird die Geschichte, wie du abgenommen hast, sehr viel mehr Eindruck machen als ein Informationsvideo.

Gimlet Media, ein Unternehmen für narrative Podcasts, das 2019 von Spotify gekauft wurde, veröffentlichte seinen ersten Podcast Start-Up über die bescheidenen Anfänge des Unternehmens.[70] In der ersten Staffel erzählen die Gründer Alex Blumberg und Matt Lieber, wie sie ihr Unternehmen aufbauten. Darunter ist eine berühmte Geschichte, wie Alex seine Geschäftsidee ungeschickt und mit verheerenden Folgen dem Risikoinvestor Chris Sacca pitcht, der ihm daraufhin zeigt, wie sein Pitch eigentlich hätte aussehen sollen. Streit zwischen den Gründern? Gab es. Burn-out? Gab es. Familiendrama? Gab es. *Start-Up* beschreibt einige Situationen, vor denen jeder Gründer steht, über die aber nur wenige gern reden. Das Ergebnis? Millionen von Downloads.

Wollten die Gründer von Anfang an inspirieren? Nicht unbedingt. Aber indem sie ihre Kämpfe und ihre Erfolge öffentlich machten, zeigten sie anderen, was möglich war, und sie gewannen Fans, nicht nur Kunden. Du kannst dasselbe erreichen. Informiere nicht nur. Erzähle von deinen Erfahrungen, sage die Wahrheit, und die Inspiration wird sich einstellen.

STUFE DREI: UNTERHALTEN

Diese dritte Stufe ist die wichtigste, weil du durch sie für eine sehr viel größere Gruppe Fremder interessant wirst – fast jeden. Aber sie ist auch die schwerste.

Informieren ist schwierig, Inspirieren ist schwierig, Unterhalten ist schwierig. Jetzt versuche, alles gleichzeitig zu machen. Warum? Überlege mal, wie du selbst deine Zeit verbringst. Liest du Bücher wie dieses hier oder – seien wir mal ehrlich – siehst du Filme, Fernsehshows und Comedy-Sendungen an?

Und selbst wenn du Bücher wie dieses liest, wie oft sprichst du mit Freunden und Familien darüber? Wahrscheinlich redet ihr öfter über das letzte Fußballspiel, das du gesehen hast, oder den neuesten Politikskandal oder den Hollywoodfilm, der demnächst in die Kinos kommt.

Wenn es hart auf hart kommt, gewinnt die Unterhaltung.

Das ist in den sozialen Medien nicht anders. Jede Plattform hat einen Feed, der alle Content-Sparten direkt nebeneinanderstellt. Es gibt einen Feed für alles. Wenn der Content König ist, dann ist Unterhaltung die Königin des Contents.[71]

Man muss das Rad nicht völlig neu erfinden. Informiere die Menschen, inspiriere sie, aber habe Spaß dabei. Du willst anderen immer noch etwas beibringen, aber so, dass es bei ihnen auch hängenbleibt – und das geschieht, wenn du es unterhaltsam machst.

Das ist vergleichbar mit den drei Teilen eines Witzes: 1. Du sagst etwas. 2. Du etablierst ein Muster. 3. Du durchbrichst das Muster mit einer Pointe.

Hier ein Beispiel, das für mich gut funktioniert hat. Ich rede oft über das Unternehmersein (welch Überraschung!), aber dieser Tweet fand Anklang und ging viral … weil er witzig ist:

Leben als Unternehmer: Arbeite 60 Stunden/Woche, damit du keine 40 Stunden/Woche arbeiten musst.[72]

Ihr werdet es alle falsch machen, so wie ich. Witze zu erzählen ist schwierig. Und weil es die subjektivste Stufe von den dreien ist, wird es dir auch schwerer fallen, herauszufinden, warum manches funktioniert und anderes nicht. Aber genau darum geht es, wenn man eine Marke aufbaut – das trübe, »softe« Zeug, bei dem es nicht unmittelbar darum geht, Werte für den Kunden zu schaffen.

Wie kommunizieren deine Lieblingsmarken? Nike verkauft keine Schuhe, Apple keine Computer. Sie dringen direkt zum Kern vor, dem Humor, und das solltest du auch tun.

Aber vergiss nicht: Soziale Medien sind zwar sexy, und man kann über sie Millionen von Followern gewinnen, aber sie sind nicht das Wichtigste an deinem Geschäft. Ich habe Unternehmer mit mehreren 10 Millionen Followern erlebt, die kaum vorankamen, und andere mit nur ein paar Dutzend Followern, die das Mehrfache ihres Lebensunterhalts verdient haben.

Der Grund dafür ist, dass die sozialen Medien eben nur das obere Ende des Trichters sind. Dort triffst du vor allem auf Fremde. Die meisten von ihnen sind noch keine Fans, und fast keiner dort ist ein Kunde.

Du musst die meisten dort noch zu Fans und Kunden machen, und dafür musst du sie dazu bringen, dass sie sich einlassen.

Der Mittelteil des Trichters: E-Mails und Communitys

Es ist kein Comeback. E-Mails gibt es seit den Anfängen des Internets. Und es wird sie wahrscheinlich bis zu seinem Ende geben.

Twitter, YouTube, Instagram und Facebook können dir dein Geschäft jederzeit ruinieren, indem sie ihren Algorithmus verändern, dein Nutzerkonto sperren oder Geld von dir verlangen, damit du im Feed der Leute auftauchst. Die sozialen Medien können äußerst effektiv sein, um Reichweite zu bekommen, aber du baust dein Haus auf gemietetem Land.

Deswegen solltest du, sobald du in den sozialen Medien Follower hast, eine E-Mail-Liste zusammenstellen.

E-Mails funktionieren »Peer-to-peer«, also direkt von Mensch zu Mensch. Du hast so eine Direktverbindung zu deinen Kunden, die von keinem Privatunternehmen oder Algorithmus kontrolliert oder davon bestimmt wird, ob du Geld für Werbung ausgibst. Wenn du die E-Mail-Adresse von jemandem hast, dann bedeutet das, dass dich diese Person als Freund betrachtet, nicht als Fremden.

Natürlich überschwemmst du deine Freunde nicht mit Spam, und deswegen solltest du das auch nicht mit diesen Menschen tun. Wie bei jedem anderen Content gilt auch für E-Mails die Drei-Stufen-Vorgabe: Erstens informieren. Zweitens inspirieren. Drittens unterhalten. Im Idealfall machst du alles drei.

Wie bei der Prozessentwicklung, bevor du ein Produkt erstellt hast, besteht die erste Version deiner E-Mail-Liste vielleicht nur aus einer Tabelle, die du täglich oder wöchentlich mit den E-Mail-Adressen deiner Freunde und Familie, deiner ersten Kunden und den Mitgliedern deiner Gemeinschaft aktualisierst, die Interesse an deinem Produkt gezeigt haben. Später, wenn deine Liste länger wird und du deine Zeit besser nutzen kannst, etwa um deine Liste durch Vertriebsmaßnahmen, soziale Medien und Content zu erweitern, solltest du diesen Vorgang teilweise automatisieren.

Dafür kannst du einen E-Mail-Marketingservice wie Mailchimp oder ConvertKit die E-Mail-Adressen deiner größten Fans einsammeln lassen. Um deinen Fans das zu versüßen, kannst du ihnen etwas als Gegenleistung anbieten, zum Beispiel ein Mini-E-Book, eine kurze PDF-Anleitung, ein Video, Hilfe bei einem Problem per E-Mail oder eine Checkliste zum Abarbeiten.

Wahrscheinlich wirst du keine Millionen von E-Mail-Abonnenten haben, aber jeder Abonnent ist sehr viel mehr wert als ein Follower. Abgesehen von dem Produkt selbst ist die E-Mail-Liste wahrscheinlich das Wertvollste an Gumroad. Mehr als 200.000 Kreative haben den Gumroad-Newsletter abonniert. Wenn wir etwas Wichtiges mitzuteilen haben – etwa eine neue Funktion, durch die unsere Kunden mehr Geld verdienen können –, dann können wir ihnen allen davon erzählen, ohne erst von irgendjemandem eine Erlaubnis einholen zu müssen.

(Wo wir gerade davon reden: Melde dich doch bitte zum Newsletter an: gumroad.com/gumroad/follow).

Im Lauf der Jahre haben sie Dutzende Male von uns gehört, und das werden sie auch weiterhin, bis der Abbestellen-Button uns scheidet.

Du kannst die Leute auch anderweitig dazu animieren, sich für deinen Newsletter anzumelden. Im vorherigen Abschnitt ging es detailliert um den Einsatz der sozialen Medien. Wenn das nächste Mal einer deiner Tweets viral geht, kannst du mit einem Link zur Anmeldung für deinen Newsletter antworten. Wenn du etwas mehr zu sagen hast, schreibe einen Blogeintrag und verlinke darauf. Informiere am Ende des Textes deine Leser darüber, dass sie sich anmelden könnten, um weiteren Content zu erhalten. Schau bei deinem Lieblingsblog nach, ich wette, dort gibt es ganz unten ein Formular mit einem Gratisangebot, das oft als »Lead-Magnet« bezeichnet wird.

Schließlich bietet fast jeder Dienstleister, über den du einen Verkauf abschließt, die Möglichkeit an, die E-Mail-Adresse deines Kunden abzufragen neben anderen Informationen, die dich interessieren (etwa den Vornamen oder Wohnort).

Zu viele Kreateure – vielleicht konditioniert von Amazon, das keinerlei Daten über Kunden weitergibt – halten den Verkaufsabschluss für das Ende der Transaktion, statt für den Anfang einer Beziehung. Bei unserer Form des Marketings baust du ein Publikum aus Menschen auf, die immer wieder von dir hören, bevor und nachdem sie dein Produkt gekauft haben.

Um das zu trainieren und damit es besonders effektiv ist, solltest du dich oft bei den Leuten auf deiner Liste melden. Setze eine bestimmte Zeit dafür fest, etwa jeden Montagmorgen oder jeden Samstagabend oder auch nur einmal im Monat. Wähle jetzt sofort einen Termin aus – du kannst es dir später immer noch anders überlegen.

Je konsequenter du bist, umso schneller findest du heraus, was für dich funktioniert. Nicht nur, welche Art Content, sondern auch, welche Plattform. Deine Kunden verbringen ihre Zeit an verschiedenen Orten, und du musst sie finden.

Du musst nicht vier Blogeinträge pro Woche veröffentlichen, wenn du nur einen monatlichen Newsletter mit bedeutsamem Content schaffst und er auch besser zu deinem Unternehmen passt. Experimentiere auch hier, wie bei den sozialen Medien, und finde heraus, wie du deine E-Mail-Liste am gewinnbringendsten nutzen kannst. Wenn du etwas verschickst und sich daraufhin deine Leser massenweise abmelden, dann tue das nie wieder. Aber wenn du dein Wissen anbietest, deine Erkenntnisse, deine Erfahrung und einen Rabatt, und eine positive Reaktion beobachtest, dann wiederhole das immer wieder.

DEIN SOCIAL-MEDIA-PLAN	MO	DI	MI	DO	FR	SA	SO
	X		X		X		
			X				
					X		

Ab einem bestimmten Punkt wird dein Unternehmen organisch wachsen. Du wirst den Felsen nicht mehr den Hang hinaufschieben müssen. Die Algorithmen der sozialen Medien werden, wenn du erfolgreich bist, deinen Content neuen Followern vorschlagen, deine Leser werden deine Blogeinträge mit ihren Freunden teilen und deine Kunden werden anderen von dir erzählen. Wie kannst du sie dabei unterstützen? Indem du mehr Content erstellst, den sie gerne teilen – der ihnen dabei hilft, ihr eigenes Publikum zu informieren, zu motivieren und zu unterhalten.

Wachstum durch Marketing – Laura Roeders Geschichte

Laura Roeder, die Gründerin von Paperbell und MeetEdgar, und andere minimalistische Unternehmen haben ihren Schwerpunkt nicht so sehr bei den sozialen Medien wie ich. Laura gründete Paperbell, eine Software zur Termin- und Kundenverwaltung für Personal Coaches, im Jahr 2020 und entschied sich für SEO-gestütztes Content-Marketing, um ihr Publikum zu erreichen. Sie engagierte schon früh einen SEO-Berater, der eine Datei mit Keywords zusammenstellte, die die Suchbegriffe ihrer Zielkunden widerspiegeln sollten. Zunächst befürchtete sie, SEO könnte die Qualität der Ressourcen und Hilfestellungen für Coaches bei Paperbell negativ beeinflussen, aber stattdessen half sie ihr, ihre Texte zu fokussieren, und führte zu organischem Wachstum. »Das Tolle an SEO ist, dass sie langfristig funktioniert«, sagt sie. »Sie wird mit der Zeit immer besser, wenn du etwas Arbeit hineinsteckst.«

Sie möchte zwar irgendwann auch aktiv Follower auf Facebook und Instagram gewinnen, aber derzeit steckt sie den Großteil ihrer Energie in regelmäßige Blogeinträge und E-Mails über Neuigkeiten zu Produkten, ihre Lieblingsform des Marketings, wie sie selbst sagt. Alle Änderungen an der Paperbell-Software werden aktuell auf Anfragen hin durchgeführt, und so sind die E-Mails eine Chance, Kunden eine Freude zu machen, die sich für die Weiterentwicklung bei Paperbell engagieren. »Gründer verbringen so viel Zeit mit Recherchen zu Marketing-Strategien«, sagt Roeder, »dabei findet man nur heraus, was funktioniert, indem man es ausprobiert, dann merkt, ob es einem gefällt, und die Reaktion der Kunden abwartet«. Als Gründerin mehrerer Firmen findet sie es befreiend, dass es nicht den einen richtigen Weg für alle Gründer und alle Unternehmen gibt.

Sie weiß es, weil sie bei MeetEdgar anders vorgegangen ist als bei Paperbell. Bei MeetEdgar, einem Tool zur Terminplanung für soziale Medien, das sie im Jahr 2014 gründete, boten sie und ihr Team Probeabos an, weil man Zeit brauchte, um den Umgang mit der Software zu lernen und sie einzurichten. Aber heute recherchieren Menschen anders über Tools und gehen anders mit Software um.

»Kostenlose Probeabos sind eine Minimalanforderung«, sagt sie. Neue Kunden interessieren sich nicht für Marketing-Texte. Sie öffnen sechs Tabs und vergleichen die verschiedenen Alternativen direkt. Bei MeetEdgar hat sie es erst mit Einladungen versucht, aber inzwischen gibt es sowohl bei MeetEdgar als auch bei Paperbell Probeabos.

Laura ist überzeugt davon, dass es die beste Strategie ist, vom ersten Tag an eine E-Mail-Liste aufzubauen. Auf der Paperbell-Liste stehen ihre ersten Kunden und jene, die sich für ein Probeabo angemeldet haben. Sie bietet außerdem regelmäßig neue Lead-Magnete auf ihrer Website an, um an E-Mail-Adressen zu kommen. Die Liste ist wichtig, weil Paperbell eine günstige Softwareoption für Einzelnutzer ist, nicht so sehr für Teams. Das bedeutet, dass es sich nicht rechnet, Demos zu produzieren oder Kunden durch ein Vertriebsteam kontaktieren zu lassen.

»Viele Unternehmer glauben, sie müssten etwas völlig Neues anbieten«, sagt Roeder, »aber ein erprobter Markt macht alles viel einfacher«. Durch das Verkaufsverhalten der Menschen im Internet kann man mit qualitativem und konsequentem Marketing auf dem Schirm potenzieller Kunden landen und gegen größere Unternehmen erfolgreich sein, ohne eine eigene Produktkategorie erfinden zu müssen. Stattdessen kann man großartige Software entwickeln und durch geduldiges, strategisches und konsequentes Marketing aus einer tollen Gemeinschaft ein wirkungsvolles, nachhaltiges Unternehmen machen.

Geld ausgeben kommt ganz zum Schluss

Die Pressezyklen über Millionen-Dollar-Finanzierungen und Milliarden-Dollar-Börsenbewertungen sind kurzlebig und richten sich an aufstrebende Unternehmer, nicht an Menschen wie deine Kunden. So kann man sich kein Publikum aufbauen, weil ein Start-up nach einem Monat Existenz noch nichts zu sagen hat, außer dass ein paar Reiche Geld hineingesteckt haben. Vertrau mir, ich weiß es nur zu gut.

Das meiste Wachstum ist teuer erkauft. Wenn du also eifersüchtig bist, weil jemand immer in den Medien ist und ein kometenhaftes Wachstum hinlegt, dann denke immer daran, dass dieser jemand wahrscheinlich Geld verbrennt, um Kunden zu gewinnen und ihnen eine Erfahrung oder ein Produkt zu versprechen, das jeden Moment ein abruptes Ende finden kann, wenn das Geld ausgeht. Es ist im wörtlichen Sinn Wachstum um jeden Preis.

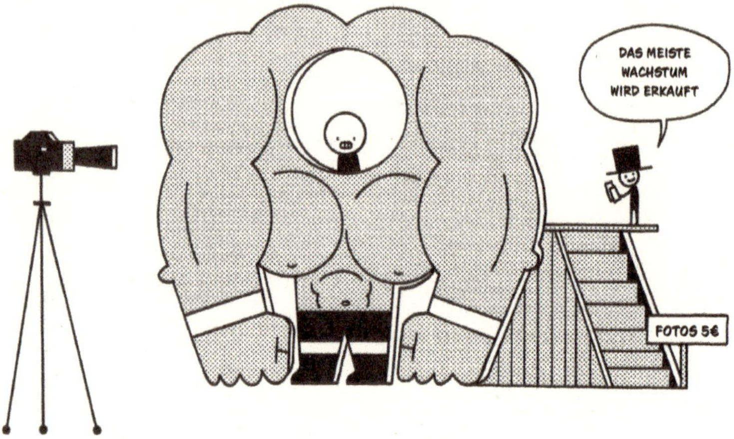

Damit wird das Pferd von hinten aufgezäumt. Du hast dein Unternehmen gegründet, um Menschen, die dir wichtig sind, zu helfen, und du bietest ihnen ein Produkt an, keine Werbung. Aber in diese Falle tappt man schnell, wenn diese Beispiele immer das Rampenlicht bekommen. Dein Produkt ist nicht für jeden geeignet, entsprechend solltest du auch gar nicht versuchen, alle zu erreichen. Das ist viel zu teuer. Und wenn du Geld ausgibst, um Follower oder Kunden zu gewinnen oder Aufmerksamkeit für dein Produkt zu bekommen, dann kaufst du Werbung, egal wie es sich offiziell nennt.

Werbung gibt es in Schaufenstern, sozialen Medien, Zeitungen und Zeitschriften, auf Plakaten, in Videos, als Product-Placement, Event-Marketing, Influencer-Marketing, E-Mail-Marketing und mehr.

Das ist ein teurer Weg, und deswegen solltest du unbedingt damit warten, solange du kannst, bevor du ihn einschlägst. Im Idealfall hast du schon eine klare Vorstellung, was bereits gut läuft. Erst dann solltest du Geld ausgeben, um die Sache zu beschleunigen.

In den Geschichten über dein Unternehmen wird es um deine Kämpfe gehen, deine Kunden, deine Erfahrungen und deine Reise. Sie werden dir helfen, mehr Fans zu gewinnen, die zu Kunden werden, die wiederum anderen von deinem Unternehmen erzählen.

Aber es gibt noch einen weiteren Grund, warum du herausfinden solltest, wie du deine Zeit und deinen aktuellen Kundenstamm nutzen kannst, um zu wachsen. Sich auf Werbung zu verlassen, selbst wenn sie erst einmal funktioniert, kann irgendwann zu teuer werden. Die COVID-19-Pandemie hat den Wechsel von der traditionellen zur digitalen Werbung in allen Branchen beschleunigt, und das wird die Preise für Werbeanzeigen langfristig jedes Jahr weiter in die Höhe treiben.[73] Du willst nicht darauf angewiesen sein, dass die sozialen Medien bei deiner Beziehung zu deinen Kunden den Vermittler spielen, und ebenso wenig sollte dein Geschäftsmodell davon abhängen, dass externe Unternehmen dir bezahlbare Werbung liefern. Je früher dein Marketing so selbsterhalten ist wie der Rest deines Unternehmens, umso besser. Und der beste Zeitpunkt, um damit zu beginnen, ist ganz am Anfang.

Investiere dein Geld in deine Kunden

Start-ups wie PayPal und Uber bezahlten in ihren Anfangstagen mehrere Millionen Dollar an ihre Kunden, damit die ihnen halfen, zu wachsen. Aber das kann zu einer Hürde für echtes Wachstum werden. Wenn die Leute dein Produkt nur teilen, weil sie dafür finanziell belohnt werden, dann ist das nicht nachhaltig.

Sieh ein Treueprogramm nicht als Marketinginstrument, sondern als echte Belohnung für treue Kunden. Du kannst zum Beispiel Rabatte anbieten, wenn jemand dein Unternehmen online bespricht oder es in den sozialen Medien teilt.

Irgendwann kannst du dich darum kümmern, in die Schlagzeilen zu kommen, aber jetzt solltest du dafür sorgen, dass du echte Beurteilungen von deinen echten Kunden bekommst. Wenn dein Unternehmen wächst und selbsterhaltend ist, kannst du Kontakt zu den Lokalreportern und Mikro-Influencern aufnehmen, die ich in Kapitel 4 erwähnt habe. Dann kannst du dein Produkt Rezensenten und etablierten Influencern kostenlos überlassen oder du kannst Proben deines

Produkts und exklusive Informationen über dein Unternehmen Bloggern und Journalisten anbieten, die über dein Gebiet berichten. Vor allem aber kannst du einfach deine Geschichte erzählen. Du kannst du selbst sein. Du hast hart dafür gearbeitet. Du hast gekämpft. Du kannst anderen zeigen, dass auch ihre harte Arbeit und ihre Mühen belohnt werden.

Helena Hambrecht, Co-Gründerin der Aperitifmarke Haus, findet, es stecke enormes Potenzial darin, die besten Kunden für das Marketing einzusetzen. Sie und ihr Mann Woody, ein Winzer in dritter Generation, vermarkten auch mit dieser Strategie ihre natürlichen Spirituosen mit niedrigem Alkoholgehalt, die sie direkt an die Konsumenten verkaufen.

Helena und Woody hatten kein Geld, um für Marketing und Kundenakquise zu bezahlen. Daher wandte sich Helena ab dem ersten Haus-Produkt an ihre Gemeinschaften, erzählte ihre Geschichte Pressevertretern und Influencern, von denen sie wusste, dass sie von der Geschichte des Unternehmens und dem Content, den sie in den sozialen Medien postete – darunter auch eigene Fotos – begeistert sein würden.

Angesichts ihres knappen Budgets hätte Haus nie allen Content produzieren können, der für die sozialen Medien gebraucht wurde, und daher ist Helena ein Fan davon, »die Macht in die Hände der Kunden zu legen«. Haus baut auf Mundpropaganda durch von Nutzern erstellten Content. Über Handykameras gedrehter Content und echte Kundenmeinungen liefern die Authentizität, die typisch für die Marke ist und potenzielle Neukunden anspricht.

Entscheidend sei, dass man Beziehungen aufbaut, sagt sie, damit sich die Beitragenden wertgeschätzt fühlen, und sie mit den Tools auszustatten, die sie brauchen, um Content zu erstellen, der nicht nur nützlich für Haus ist, sondern auf den sie auch selbst stolz sein können. »Marketing muss nicht extravagant sein, um seine Wirkung zu erzielen«, sagt Helena. »Es muss real sein.«

Helena und ich und viele andere glauben, dass bezahltes Marketing nur so Sinn ergibt. Werbeanzeigen sind offensichtlich gesponsert und unpersönlich und sollen etwas verkaufen, eine Idee, einen politischen Kandidaten, ein Unternehmen, ein Produkt. Leider leben wir immer noch in einer Welt, in der riesige Konzerne Tausende oder Millionen Dollar ausgeben, um Tausende oder Millionen Menschen zu erreichen, und kleine Unternehmer müssen sich gegen die raffinierten Marketing-Abteilungen und Werbeagenturen von Disney, Coca-Cola, Nike und anderen behaupten.

Die Technologie hat noch keine vollständige Chancengleichheit hergestellt, aber dank ihr ist Werbung inzwischen ein sehr viel fairerer Kampf. Es gibt mehr Platz für Werbeanzeigen mit kleinerem Publikum. Und je gezielter man sein Publikum ansprechen kann, umso weniger Geld muss man ausgeben. Das ist gut für kleine Unternehmen, die nicht die riesigen Werbebudgets der Fortune-500-Firmen und mit Risikokapital finanzierten Start-ups haben, aber engagierte, gut abgrenzbare Gemeinschaften.

Man kann bei Yelp oder Instagram eine Anzeige schalten für eine spezifische geografische Region oder nur für Menschen, die sich beispielsweise für die Ölmalerei von John Singer Sargent interessieren. Wenn du einen Malkurs anbietest, bei dem man lernt, wie man die menschliche Figur wie ein Impressionist Ende des 20. Jahrhunderts malt, dann kann das äußerst effektiv sein.

Viele, die sich für diese Dinge interessieren, werden dein Produkt oder deine Dienstleistung trotzdem nicht kaufen wollen. Eine Menge Menschen, die Eiscreme mögen, werden deine Eiscreme nicht kaufen. Vielleicht essen sie keine Milch oder genießen Eis nur, wenn sie zum Essen ausgehen, oder sie sehen sich Eiscreme lieber an, als sie tatsächlich zu essen. Oder vielleicht haben sie früher jeden Tag Eiscreme gegessen und müssen es nun büßen. Wer weiß das schon? Du ganz sicher nicht.

Aber jemand anders (Spoiler: Facebook) weiß es. Du brauchst keine komplette Marketing-Abteilung, sondern nur ein Facebook-Konto. Mit der Hilfe von Facebook kannst du es in nur wenigen Stunden pro Woche mit den größten Marken der Welt aufnehmen.

Nutze Zwillingszielgruppen

Vorhin habe ich über die Vorstellung geschrieben, dass die Erfolgschancen von Werbung mit jedem Tag sinken, dank Software und Internet. Wenn du im Internet unterwegs bist, sammeln Dienste wie Facebook und Google Daten über deine Gewohnheiten. Sie wissen, was du brauchst, willst, magst. Womöglich können sie sogar vorhersagen, was du morgen brauchen, wollen oder mögen wirst. Das ist nicht mehr überraschend, mit allen Vor- und Nachteilen.

Kundendaten zu sammeln und zu benutzen, wird als Strategie dauerhaft eingesetzt werden, aber das führt unvermeidlich zu Diskussionen über den Datenschutz im Internet. Von Anfang an habe ich gesagt, dass minimalistische Unternehmer an ihre Nutzer verkaufen sollten, nicht ihre Nutzer vermarkten. In der Praxis bedeutet das, dass man ein Produkt entwickelt, um ein echtes Problem der Kunden zu lösen, dass man nur an Kunden verkauft, die bereits von dem Produkt überzeugt sind, und die E-Mail-Liste nur dazu benutzt, um wichtige Informationen (kein Spam!) an Leute zu verschicken, die sich dafür angemeldet haben.

Dieselbe Logik gilt auch für Werbeanzeigen. Wenn du beschließt, Geld für Werbeanzeigen auszugeben, dann solltest du es so tun, dass deine Kunden zufrieden damit wären. Ein zusätzliches Plus ist, dass du jeden neuen Kunden so mit weniger Kosten erreichst.

Bei Gumroad bezahlen wir nicht für die Kundenakquise, und zwar aus drei Gründen: 1. Wir können unsere Kreateure direkt erreichen. 2. Sie machen ihre eigenen Kunden auf Gumroad aufmerksam, indem sie Gumroad benutzen. 3. Ich bin mit unserer aktuellen Wachstumsrate sehr zufrieden. Doch für andere Unternehmer kann bezahlte Werbung ein wertvolles Instrument sein, etwa wenn hochwertige Konsumgüter verkauft werden sollen. Dennoch solltest du die berechtigten Datenschutzbedenken berücksichtigen, die Nutzer haben werden, wenn sie mit gezielter Werbung angesprochen werden. Letztendlich musst du entscheiden, ob bezahlte Kundenakquise für dich und dein Unternehmen das Richtige ist.

Wenn du beschließt, Geld dafür auszugeben, dann wirst du froh sein, dass du gewartet hast, weil du dann eine viel genauere Vorstellung davon haben wirst, wer deine Kunden sind, und damit auch davon, wer sonst noch in dieses Profil passt.

Ein Beispiel: Du kannst bei Facebook – gegen Bezahlung – anfragen, ob es dort Leute gibt, die deinen Kunden stark ähneln. Bei Facebook heißen diese Zwillingszielgruppen »Lookalike Audiences«, und mit denen kannst du, laut Facebook, »neue Personen erreichen, die deinen besten Bestandskunden ähneln und die sich daher wahrscheinlich für dein Unternehmen interessieren«.[74]

Statt für Werbeanzeigen zu bezahlen, die weite Teile der Bevölkerung erreichen und deren Aufmerksamkeit und dein Geld verschwenden, kannst du zu Facebook sagen: »Sagt den Leuten, die meinen Bestandskunden am meisten ähneln, dass es mich gibt.«

Jedes Unternehmen hat einen eigenen Namen für diese Art der Werbung. Bei Pinterest heißt sie zum Beispiel »ActAlike«. Wenn du grundsätzlich beschlossen hast, Geld dafür auszugeben, dann ist das ein guter Startpunkt.

Denke aber daran, dass diese gezielte Werbung mit der Zeit auch teurer werden wird, bis womöglich ein bislang rentables Geschäft unrentabel wird.

Es gibt zahllose weitere Beispiele. Für Werbung gibt es Millionen verschiedene Möglichkeiten. Aber die solltest du nur selten, wenn überhaupt brauchen. Ein Unternehmen, das vor allem durch organisches Wachstum entstanden ist, ist von Anfang an auf Langlebigkeit ausgelegt, wird aber mit der Zeit immer beständiger, wenn Unternehmen, die viel mit bezahlter Werbung arbeiten, Probleme bekommen.

Investiere lieber deine Zeit statt Geld. Baue Beziehungen auf, gewinne leidenschaftliche Kunden, die anderen von dir erzählen, und erwäge dann, einen kleinen Teil deiner Gewinne auszugeben, um deinen Horizont ein klein wenig zu erweitern. Wenn du das kannst, wird dein Unternehmen schlank bleiben und gute Wachstumsraten aufweisen, die dich nicht überfordern.

Bezahltes Marketing sollte aber nie dem im Weg stehen, was wirklich wichtig ist: mit Kunden zu reden und an sie zu verkaufen.

Das untere Ende des Trichters: Verkaufen

Letztendlich geht es beim Marketing nur um eines: in der passenden Größenordnung an Kunden zu verkaufen. Die gute Nachricht: Du hast darin bereits jede Menge Erfahrung.

Deshalb ist dieser Teil des Trichters kurz und knapp. Du hast in harter Arbeit bereits ein Produkt entwickelt, deine ersten Kunden gefunden und sichergestellt, dass du ihr Problem wirklich gelöst hast. Jetzt darfst du die Früchte deiner Arbeit genießen, weil dein Marketing jetzt die sehr viel skalierbarere Aufgabe erfüllt, deine nächsten Kunden anzuziehen.

DAS WICHTIGSTE IN KÜRZE

- Beim Marketing geht es nicht darum, Schlagzeilen zu machen, sondern Fans zu gewinnen.
- Informiere zunächst, inspiriere dann und unterhalte schließlich. Jede dieser drei Contentstufen hat eine größere Reichweite als die vorherige.
- Bezahlte Werbung kann funktionieren, aber sie hat Nachteile. Wenn du beschließt, Geld auszugeben, dann warte damit, so lange du kannst – du wirst dann sehr viel genauer wissen, wen du auf diesem Weg erreichen willst.

Lesetipps

- Lies das Buch *Guerilla Marketing des 21. Jahrhunderts* von Jay Conrad Levinson.
- Lies das Buch *Was bleibt* von Chip und Dan Heath.
- Sie dir einen Videokurs von Daniel Vassallo an.
- Sieh dir unter room.club/tips meine Anleitung an, wie man auf Clubhouse ein Publikum aufbaut.

6

BEDACHTSAMES WACHSTUM

Das Leben ist wie Fahrrad fahren. Um die Balance zu halten, muss man in Bewegung bleiben.[75]

– ALBERT EINSTEIN

In diesem Kapitel geht es um die Frage, was kommt, wenn du Gewinn machst und einen organisch gewachsenen Kundenstamm hast. Vielleicht ist das für dich sowieso gerade aktuell; aber selbst wenn du noch nicht so weit bist, solltest du diesen Teil nicht überspringen. Du kannst dir eine Menge Ärger ersparen, wenn du jetzt schon darüber nachdenkst, wie du aus eigener Kraft wachsen kannst und gleichzeitig die häufigsten Fehler von Gründern vermeidest.

Vielleicht verdienst du schon genug Geld, um dir und deiner Familie ein gutes Leben zu finanzieren, und theoretisch könnte damit deine persönliche Reise und die Reise deines Unternehmens zu Ende sein. Aber für viele Gründer und auch für mich, besteht das Ziel nicht darin, ein Lifestyle-Business aufzuziehen und sich dann an irgendeinem Strand zur Ruhe zu setzen. Jeder Unternehmer hat andere Gründe, warum er weiterwachsen will. Zwar habe ich im Jahr 2019 meinen Frieden damit gemacht, dass Gumroad kein Einhorn geworden ist, aber ich habe weiterhin in sein Wachstum investiert. Zum einen macht es einfach Spaß und ist befriedigend, an einem sich ständig weiterentwickelnden Projekt zu arbeiten. Und zweitens fühlt es sich gut an, neue Möglichkeiten zu finden, um Werte für unsere Kunden zu erschaffen.

Und ehrlich gesagt, funktioniert Stillstand einfach nicht. Die Welt verändert sich ständig, und wir und unsere Unternehmen müssen uns mit ihr verändern. Vom Stillstand ist es nicht mehr weit zum Rückschritt. Du musst nicht wie verrückt wachsen, aber du solltest auch nicht stagnieren.

Ich habe diese Entwicklung bei vielen Unternehmen beobachtet. Sie lösen das Problem, werden selbstgefällig, und mit den Jahren wenden sich die Kunden ab und die Mitarbeiter verlieren die Motivation. Einem minimalistischen Unternehmer geht es nicht nur darum, ein Unternehmen zu besitzen, das einen nicht im Gegenzug in Besitz nimmt; es geht auch darum, ein Unternehmen zu besitzen, an dem du arbeiten willst, selbst wenn du es nicht mehr musst.

An diesem Punkt lautet die eigentliche Frage: Wie kann ich bewusst weiterwachsen, ohne die Wirkung, die ich für meine Kunden erziele, zu gefährden oder das Leben, das ich mir aufgebaut habe, zu beeinträchtigen? Auf den ersten Blick scheint es am besten zu sein, einfach so weiterzumachen wie bisher, wenn man erste Ergebnisse sieht, aber langsames, selbsttragendes Wachstum ist eine ganz eigene Herausforderung, für die es wohlüberlegte, bewusste Entscheidungen braucht.

Wenn Unternehmen straucheln, dann liegt es in den seltensten Fällen an einem Wirbelsturm unvorhersehbarer Unglücksfälle. Meistens ist der Grund mindestens einer von einer Handvoll Fehlern: zu hohe Kosten für Lagerbestände und Büroräume; zu viele Neueinstellungen; Streitigkeiten zwischen den Firmengründern. Hier geht es darum, wie man diese Fehler vermeiden oder mit ihnen umgehen kann, weil dir wahrscheinlich zumindest manche davon passieren werden, selbst wenn du versuchst, sie zu vermeiden.

Es gibt zwei Kategorien von selbstverschuldeten oder »unerzwungenen« Fehlern, auf die du achten solltest. Bei der ersten Kategorie geht das Geld aus, bei der zweiten die Energie.

Fangen wir mit ein paar wirtschaftlichen Grundbegriffen an und bauen darauf auf.

Nur Geld ausgeben, das man auch hat

Die wichtigste Gleichung im Geschäftsleben lautet: Gewinn ist gleich Umsatz minus Kosten.

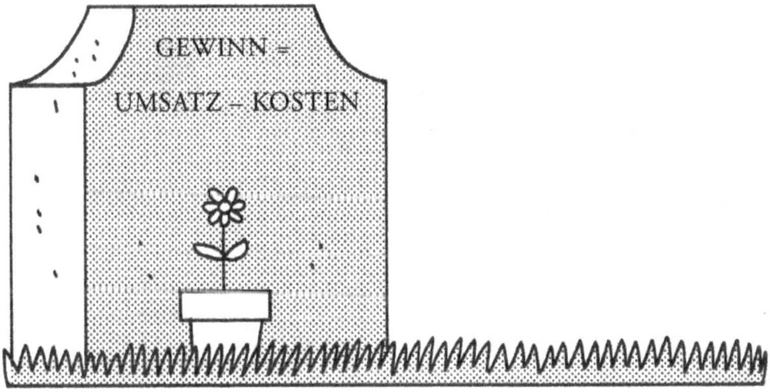

Das klingt so einfach: Verdiene mehr Geld, als du ausgibst, und dein Unternehmen kann ewig Bestand haben. Verdiene weniger, als du ausgibst, und du wirst scheitern.

Aber überraschend oft ignorieren Gründer die Profitabilität (will heißen: Zukunftsfähigkeit) und fokussieren sich auf Produktentwicklung, Wachstum, Mitarbeiterwerbung und alles mögliche andere, bis ihnen das Geld ausgeht. Der Gründer von Y Combinator, Paul Graham, kann ein Unternehmen auf den ersten Blick einschätzen, je nachdem, ob es »Default Alive« oder »Default Dead« ist (etwa: voreingestellt auf Überleben oder voreingestellt auf Tod).[76] Mit anderen Worten: Wenn die Ausgaben und Einnahmen konstant bleiben, wird das Unternehmen dann überleben oder untergehen? Die Hälfte der Gründer, mit denen er spricht, hat keine Ahnung. Unfassbar.

Nach Grahams Erfahrung wissen die Gründer nicht, wie es um ihr Unternehmen steht, weil sie glauben, sie müssten es nicht wissen. Sie verlassen sich darauf, dass Investoren auftauchen und sie retten, wenn es schlecht läuft. Aber wenn du dein Unternehmen aus eigener Kraft aufbaust, dann musst du deine Bilanzen im Auge behalten, weil niemand kommen und dich vor den Folgen deiner Fehler bewahren wird.

So offensichtlich es sein mag, sei es doch deutlich gesagt: Du solltest immer die Einnahmen durch die 100 Kunden haben, an die du verkauft hast, plus die Kunden, die du über die Marketing-Methoden, die im vorigen Kapitel beschrieben wurden, gewonnen hast. Wenn du jetzt profitabel wirtschaftest, dann kannst du dafür sorgen, dass es so bleibt, indem du dich mit dem einzigen Teil der Gleichung beschäftigst, den wir noch nicht besprochen haben: Kosten.

Es gibt zwei verschiedene Kostenarten: die variablen Kosten oder die Herstellungskosten für die verkaufte Produktion (Cost Of Goods Sold, COGS), also die Kosten, die mit dem Verkauf einer marginalen Produkteinheit verbunden sind. Bei konventionellen Unternehmen gehören dazu Kosten für Personal, Verpackung, Rohmaterial und mehr. Die Softwareunternehmen in den 1990ern hatten noch solche Kosten, weil die Software auf CD gebrannt und im Einzelhandel verkauft wurde.

Seit damals hat sich viel verändert. Über das Internet lassen sich Elektronen quasi kostenlos »ausliefern«, und auch die Zahlungsabwicklung ist über das Internet sehr viel günstiger. Bei Gumroad haben wir zum Beispiel für jeden verdienten Dollar etwa 40 Cent variablen Kostenaufwand. In diesen 40 Prozent sind die Gebühren für die Zahlungsabwicklung und das Webhosting enthalten sowie andere Kosten für Infrastruktur und Betrugsvermeidung (ein notwendiges Übel, wenn man Transaktionen online abwickeln will).

Uns bleiben also 60 Cent pro Dollar. Aber diese 60 Cent sind kein Reingewinn – wir müssen immer noch für die zweite Kostenart bezahlen: die Fixkosten, die nicht linear mit unserem Umsatz und jedem zusätzlich verkauften Produkt steigen. Dazu gehört alles, vom Domain-Namen bis zu gewissen Onlinediensten, aber das sind nicht die größten Ausgaben für uns oder die meisten Unternehmen, seien sie nun minimalistisch oder nicht. Der größte Posten bei den Fixkosten sind die Menschen.

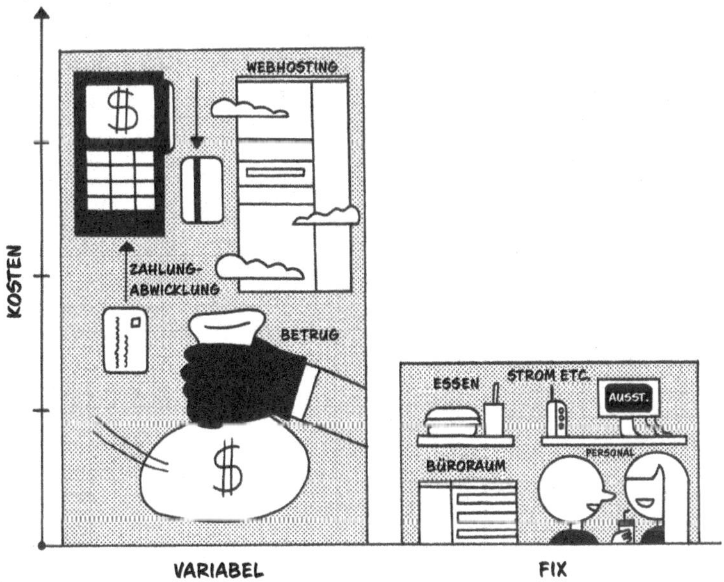

Im nächsten Kapitel werden wir uns näher damit beschäftigen, was es bedeutet, wenn du menschliche Arbeitskräfte in dein Unternehmen bringst. Im Moment sagen wir einfach, dass Mitarbeiter, die Büroausstattung und -räume, die sie brauchen, die Internetanbindung, die Versicherung für die Arbeitsplätze, die Snacks im Kühlschrank, Strom usw. eine Menge Geld kosten und das zu Recht. Angefangen bei dir selbst, daher solltest du dich an folgende Regeln halten:

- **Bezahle dir selbst so wenig wie möglich, zumindest am Anfang.** Du bist ein Gründer, aber du bist auch der erste Angestellte. Behandle dich entsprechend. Rechne nicht mit einer Gewinnausschüttung. Bezahle dir stattdessen ein Jahresgehalt, selbst wenn es nur ein Euro ist, und erhöhe es dann mit der Zeit, wenn du es dir leisten kannst. Das wird dich zwingen, deine Systeme so einzurichten, dass du dir ein klares Bild davon verschaffen kannst, wie viel oder wie wenig notwendig ist, um dein Geschäft zu betreiben, nicht nur für den Verkauf des Produkts.

Falls du dir Sorgen um deinen Lebensunterhalt machst, verstehe ich das. Darum habe ich immer wieder empfohlen, dein Unternehmen als Nebenprojekt zu beginnen und deine Zeit, Energie und Ideen dafür zu nutzen, es zur Profitabilität zu bringen, bevor du deinen Brotjob kündigst. Dann kannst du dir so viel Gehalt auszahlen, wie deine Gewinne es zulassen. Ich habe mir bei Gumroad am Anfang 36.000 Dollar pro Jahr ausgezahlt, gerade eben genug, um die Lebenshaltungskosten in San Francisco abzudecken. Mit den Jahren habe ich mein Gehalt erhöht, aber es an das Gehalt der am schlechtesten bezahlten Person im Unternehmen geknüpft: Erst auf 60.000 Dollar, dann auf 85.000. Als die Dinge im Jahr 2015 schlecht liefen, habe ich mir eine Zeit lang gar nichts bezahlt. Inzwischen gebe ich mir 120.000 Dollar pro Jahr.

Unter dem Strich solltest du die Burn-Rate deines Unternehmens minimieren, aber vergiss dabei nicht, dass du genug Einkommen für dich generieren solltest, damit du dich auf die wichtigen Dinge konzentrieren kannst: Wie du deinen Kunden helfen kannst, ihre Probleme zu lösen.

- **Nutze Software statt Arbeitskräfte.** Menschen sind teuer. Software ist es nicht, weil sie meistens durch Risikokapital mitfinanziert wurde im Namen des Wachstums. Nutze das aus und verwende eine Buchhaltungssoftware wie Pilot oder Bench, statt einen Buchhalter oder CFO einzustellen. Gusto erledigt die Auszahlung von Gehältern und Boni in fünf Minuten. Wenn du es hinauszögerst, menschliche Mitarbeiter einzustellen, kannst du auch das Geld für die Personalverwaltung in deinem Unternehmen sparen, für Personaler und Büroleiter (siehe unten). Mit günstigen Softwaretools kommt man überraschend weit. Zum Beispiel kannst du einen Mitarbeiter einstellen, der mit neuen Kunden Kontakt aufnimmt, sobald sie sich für deinen Dienst angemeldet haben, oder du kannst Automatisierungstools wie Zapier eine Nachfass E-Mail verschicken und die neuen Kunden auf eine Telefonliste für später setzen lassen.

- **Miete keine Büroräume an.** Der Meinung war ich schon vor der Pandemie, und jetzt sehen das auch Millionen andere Menschen so, die vorher noch nicht überzeugt waren. Ein Büro ist mit irrsinnigen Kosten verbunden. Außerdem muss man sich dann auch darum kümmern. Wenn du nicht unbedingt eines brauchst, lass es. (Du kannst später eines anmieten, wenn du es wirklich willst, als Belohnung, weil du ein bedeutsames, selbsttragendes Unternehmen aufgebaut hast.)
  Dank der Pandemie gibt es eine ellenlange Liste von Unternehmen, die »standardmäßig auf digital« umgestellt haben, wie der Gründer und CEO von Shopify, Tobi Lütke, es ausgedrückt hat,[77] aber andere, wie Upwork etwa, haben schon immer erfolgreich mit verteilten Teams gearbeitet. Auf jeden Fall haben auch Firmengiganten wie Google, Microsoft, Morgan Stanley, JPMorgan, Capital One, Zillow, Slack, Amazon, PayPal, Salesforce und andere ihre Homeoffice-Optionen nach 2020 ausgeweitet, und wenn sie kein Büro brauchen, dann brauchst du wahrscheinlich auch keins.[78]
- **Ziehe nicht ins Silicon Valley.** Schon vor 2020 hätte ich empfohlen: »Kündige nicht deinen Job, ziehe nicht nach San Francisco, gehe nicht über Los, ziehe nicht 200 Euro (von Risikoinvestoren) ein.« San Francisco ist teuer, verkehrsreich und kein toller Ort, um Kinder großzuziehen – oder auch nur einen Hund zu halten. Jetzt, nach COVID, ist die Arbeit im Homeoffice normal geworden, und das heißt, dass du bleiben kannst, wo du bist. Der ehemalige CEO von Y Combinator, Sam Altman, sagte, er fände es »toll, dass San Francisco jetzt Konkurrenz von anderen Städten bekommt«.[79] Das finde ich auch. Es ist nicht nur günstiger und man hat weniger Konkurrenz, wenn man sein Unternehmen in einer anderen Stadt aufzieht, sondern es ist auch besser für die Gemeinschaft vor Ort, was sich, wie wir gelernt haben, für dein Geschäft bezahlt machen kann.
- **Lagere alles aus.** Du machst alles allein, jeden Tag. Für den Anfang. Dann kommt Software dazu. Irgendwann werden du und deine Roboterarmee an ihre Grenzen stoßen und du wirst Hilfe

> brauchen. Aber bevor du deine erste Vollzeitkraft einstellst, solltest du erst mit Freiberuflern arbeiten. Ich rede nicht davon, dass du gute, hart arbeitende Menschen ausbeuten sollst, indem du ihnen weniger bezahlst, als sie es verdienen. Ich meine, dass du Aufträge an zukünftige Gründer und andere potenzielle minimalistische Unternehmer vergeben solltest: Biete ihnen die Gelegenheit, in einem gut funktionierenden, profitablen Unternehmen zu lernen; bezahle sie anständig; und gib ihnen die Chance, Geld zu verdienen, während sie mit dem Rest ihrer Zeit anfangen, was sie wollen – vielleicht arbeiten sie dann an ihrem eigenen minimalistischen Unternehmen.

Wenn du mit dieser Strategie deine Kosten niedriger als deine Einnahmen halten kannst, dann müsste dein Unternehmen überleben. Vor allem wirst du etwas besitzen, das es sich zu erhalten lohnt: ein profitables, selbsttragendes, wachsendes Unternehmen, das seinen Kunden dient. Jetzt entscheidet nicht mehr der Markt, ob das, was du aufgebaut hast, einen Wert hat. Jetzt ist es an dir, es nicht zu verlieren.

(Das ist vielleicht ein wenig überwältigend. In den »Lesetipps« am Ende des Kapitels verweise ich auch auf eine echte GuV von Gumroad, in der all unsere Kosten aufgeführt werden, sowie einfachere Beispiele.)

Im letzten Kapitel beschrieb ich, wie die Doans durch YouTube die Missouri Star Quilt Company von einer kleinen Quilt-Werkstatt, die sich kaum über Wasser halten konnte, zum globalen Quilt-Imperium ausbauten. Im Rückblick wirkt der Erfolg von Missouri Star fast unausweichlich, aber am Anfang war gar nicht klar, ob das Unternehmen erfolgreich sein oder auch nur überleben würde. »Erst nach vier Jahren haben wir Gewinne erwirtschaftet und konnten uns selbst ein Gehalt auszahlen«, erzählte Al Doan. »Wir haben alles selber gemacht, auch die Gebäude renoviert, die wir gekauft haben, und langsam herausgefunden, was für unsere Kunden und für unser Unternehmen funktioniert.«

Zum Glück für Missouri Star war es in Hamilton, Missouri, sehr viel einfacher, die Kosten niedrig zu halten, als es im Silicon Valley oder einem anderen Markt mit hohen Löhnen und Immobilienpreisen gewesen wäre. »Wir haben mit einem 450-Quadratmeter-Laden angefangen und dachten, das würde für immer reichen«, sagte Al. Aber schließlich mussten sie das Lager des Unternehmens auf mehrere Läden aufteilen, wo sie jeweils spezielle Stoffe, Kurzwaren und Zierelemente unterbrachten. Als Missouri Star größer wurde, funktionierte das Verkaufsmodell, bei dem die Mitarbeiter in den Läden auch die Online-Bestellungen abwickelten, irgendwann nicht mehr, weil die Verkäufer nicht mehr alles allein schafften.

Die Lösung war offensichtlich, aber furchteinflößend: Um die Kundennachfrage zu bedienen, musste Missouri Star sein Einzelhandelsgeschäft vom Online-Geschäft trennen, was neue Lagerhäuser, mehr Lagerbestand und mehr Mitarbeiter bedeutete. Als minimalistische Unternehmer sahen Al und seine Familie den starken Anstieg bei den variablen Kosten der Firma mit Sorge, aber weil Missouri Star bereits profitabel war und die Gewinne mit jedem Jahr gestiegen waren, hatten sie den Mut (und das Geld), um die Expansion zu wagen.

Al hatte außerdem genug Erfahrung, um zu wissen, dass es keine gute Idee war, Wachstum zu vermeiden und zu versuchen, ein dysfunktionales System aufrechtzuerhalten. »Wir haben erst einen Personalverantwortlichen eingestellt, als wir 150 Angestellte hatten«, sagte er, weil es sich verschwenderisch anfühlte, jemanden für etwas zu bezahlen, das er jahrelang selbst erledigt hatte, »auch wenn [er] es schlecht gemacht hatte«. Erst nachdem es zu ein paar Vorfällen gekommen war und sich ein Freund mit Personalerfahrung eingeschaltet hatte, wurde ihm klar, dass es sich lohnte, in eine Personalabteilung zu investieren. »Sonst hat man am Ende mehrere Acht-Stunden-Jobs«, sagt er.

Abgesehen von ihrer Bedeutung für die Familie Doan hat die Missouri Star Quilt Company auch die Kleinstadt verändert, in der sie ihren Hauptsitz hat. Auf die Frage nach dem Einfluss auf die Gemeinschaft antwortete Jenny Doan im Jahr 2019 zunächst: »Ich dachte, wir nähen nur.«[80] Inzwischen arbeiten bei dem Unternehmen 400 Menschen. Neben Missouri Star hat die Familie auch noch eine Näherei gegründet, eine Strickerei und einen Kunstbetrieb. »Im Moment haben wir mehr Ideen als Gebäude«, sagt Jenny.

Aus der Geschichte der Doans können minimalistische Unternehmer mehrere Dinge lernen. Selbst wenn es das Ziel ist, hat Wachstum seine eigenen Herausforderungen. Viel zu oft bekommen Unternehmen mit viel Talent und Marktpotenzial nicht etwa wegen des Produkts oder der Kunden Probleme, sondern wegen der wenig glamourösen Seite, die auch zur Leitung eines Unternehmens dazu gehört: Betriebswirtschaft. Finanzen. Personalverwaltung. In der Welt des Risikokapitals, wo mit Millionen-Beträgen um sich geworfen wird, reagieren Leute oft überschwänglich und geben großzügig Geld für Annehmlichkeiten wie Billardtische und kostenlose Snacks aus.

Lass dich nicht davon blenden, wie ein »erfolgreiches« Unternehmen angeblich aussehen soll. Mache mit dem weiter, was funktioniert, stoppe oder verändere Prozesse, die nicht funktionieren, und behalte vor allem immer, immer die Zahlen im Auge und das Ohr am Kunden.

Konzentriere dich auf das, was deine Kunden wollen

An einem Orientierungspunkt solltest du dich immer wieder neu ausrichten: deinen Kunden.

Deine Kunden wollen nicht, dass du immer größer wirst und immer schneller wächst. Ihnen ist egal, wie reich du bist, ob du auf der Liste der »Reichsten unter 30-Jährigen« bei Forbes bist, von welchen Risikokapitalisten du Geld bekommen oder wie viele Angestellte du eingestellt hast. Sie wollen, dass dein Produkt immer besser wird und dass dein Unternehmen bestehen bleibt. Mehr nicht.

Amazon hat da eine ganz nette Denkweise: Bei jeder Aufsichtsratssitzung in der Amazon-Zentrale steht ein leerer Stuhl im Raum. So wird alles, das entwickelt wird, durch die Stimme des Kunden hinterfragt. Mit dieser Stimme stellen die Anwesenden im Besprechungsraum Fragen aus der Sicht der Kunden. Warum ist dieses Produkt wichtig für mich? Welchen Mehrwert bringt es mir? Brauchen wir diesen Service oder dieses Produkt wirklich?

Wir wollen kein Amazon aufbauen, aber diese Einstellung ist noch wichtiger, wenn man am Steuer eines seit Kurzem profitablen und wachsenden minimalistischen Unternehmens steht. Als sechsfacher Vater führte der Afroamerikaner Jelani Memory, Gründer von Circle Media und A Kids Book About, am Esstisch seiner multikulturellen Familie mit vier hell- und zwei dunkelhäutigen Kindern zwangsläufig Diskussionen über Rassismus. Daraufhin beschloss Memory, ein Buch über seine eigenen Erfahrungen mit Rassismus für seine Kinder zu schreiben, in Worten, die sie verstanden.

Das Buch A Kids Book About Racism war einfach gehalten, ohne Illustrationen. In vier Wochen gestaltete und druckte er ein einzelnes Exemplar. Das Buch gab ihm einen guten Ausgangspunkt, um schwierige Themen mit seinen eigenen Kindern zu besprechen, und als er es stolz anderen Freunden und Eltern zeigte, wollten viele von ihnen ein eigenes Exemplar für ihre Familien. Er steckte zwar mitten in der Series-B-Finanzierungsphase für Circle Media, aber die Vorstellung, einen Verlag zu gründen, ließ ihn nicht mehr los. Im Januar 2019 verhandelte er seinen Ausstieg.

Inzwischen erzählte er allen, die er kannte, von seiner Idee für A Kids Book About – immerhin waren das seine ersten potenziellen Kunden –, und die Reaktionen und Gefühle, »die Macht des Möglichen auf den Gesichtern der Leute« half ihm nicht nur, sein Unternehmen genauer zu definieren, sondern bestätigte ihn auch in seinem größeren Vorhaben, Bücher für Kinder und Jugendliche zu schwierigen, bestärkenden Themen zu veröffentlichen.

Dieser Schwung trug ihn durch die ersten Herausforderungen: Er musst erst einmal lernen, wie die Verlagsbranche generell funktionierte, und herausfinden, wie man einen Lagerbestand verwaltet. Beim Firmenstart im Oktober 2019 hatte A Kids Book About zwölf Titel im Programm, und der Verlag wuchs in bescheidenem Umfang weiter bis Mai 2020. Am Tag, nachdem George Floyd am 25. Mai 2020 von Polizisten getötet worden war, »verkaufte A Kids Book About so viel wie im gesamten vorherigen Monat«, sagte Memory. »Und die Nachfrage ließ nicht mehr nach. Am nächsten Tag verdoppelten sich die Verkäufe, am Tag danach verdoppelten sie sich noch einmal und blieben dann konstant. Innerhalb von zehn Tagen hat A Kids Book About also mehr als eine Million Dollar Umsatz gemacht.«[81] Der Lagerbestand hätte eigentlich für den Rest des Jahres ausreichen sollen, aber bis auf zwei wurden alle Titel restlos ausverkauft.

Diese Verkaufszahlen bestärkten Memorys Vertrauen in sein Produkt und die Chance auf Wachstum in einer sich verändernden Welt. Er sagt: »Es gibt den Irrglauben, dass Geld oder Investitionen eine Bestätigung und Erlaubnis darstellen, auf konventionelle und kostspielige Art vorzugehen, aber das stimmt nicht. Es geht um das Produkt, um Einnahmen und Zugkraft. Vor allem aber stellt die Zuneigung der Kunden die notwendige Erlaubnis dar, um zu wachsen.«

Wenn du dich darauf konzentrierst, was die Verkaufszahlen steigert und deine Kunden begeistert, dann wirst du wissen, wie du wachsen kannst; sie werden es dir sagen. Und wenn du aufmerksam vorgehst, selbst wenn du unabsichtlich unerzwungene Fehler machst, werden dir deine Kunden (oder der Mangel daran) zeigen, wie du wieder in die Spur kommen kannst, lange bevor du es sonst gemerkt hättest.

Und schließlich: Arbeite bei den wesentlichen Aspekten sorgfältig. Wenn man wächst und sich überwältigt fühlt, entschuldigt man schnell Schluderei, aber gerade dann musst du besonders diszipliniert sein, wie du deine Zeit und dein Geld einsetzt. Nicht nur wegen der Auswirkungen auf deine Bilanz, sondern auch, weil nichts ein Unternehmen schneller zu Fall bringen kann als ein juristisches Problem oder eine unterbrochene Lieferkette.

Löhne und Gehälter müssen rechtzeitig überwiesen werden, und es ist deine Aufgabe, alle juristischen, finanziellen oder betrieblichen Komplikationen zu vermeiden, die dein Schiff versenken könnten. Lieferanten müssen im System registriert und prompt bezahlt werden. Die IT-Sicherheit muss sehr hoch sein, vor allem, was den Datenschutz der Nutzer betrifft. Du musst deine Geschäfte gut und sauber führen, um deinen guten Ruf bei Mitarbeitern, Lieferanten und

Kunden aufrechtzuerhalten. Wahrscheinlich bist du in mindestens einem dieser Bereiche kein Experte. Wahrscheinlich fehlen dir sogar die Grundkenntnisse, um die richtige Unterstützung zu engagieren. Das ist in Ordnung. Um Mitarbeiter geht es im nächsten Kapitel.

Bis es soweit ist, habe ich eine gute Nachricht: Deine Kunden können dich mit Leuten in Verbindung bringen, die dir helfen können, vor allem dann, wenn du ihnen ehrlich sagst, was du brauchst. Sie haben bereits gute Gründe, um dich zu unterstützen, weil sie dein Produkt nutzen und es verbessern wollen. Und es gibt noch eine weitere Möglichkeit, wie du sie noch besser an deinem Erfolg beteiligen kannst: indem du sie zu Eigentümern machst.

Lasse dich von deiner Gemeinschaft finanzieren

Wachsende Unternehmen, sogar minimalistische Unternehmen, brauchen oft irgendwann Kapital. Geld aufzutreiben kann sinnvoll sein, wenn du weißt, wie du es ausgeben kannst, um die Leben deiner Bestandskunden zu verbessern. Shopify und 1Password haben sich beispielsweise erst mehrere Jahre nach Unternehmensgründung Gelder beschafft. Zu dem Zeitpunkt waren beide bereits profitabel, und so konnten sie ihrer Vision treu bleiben, die Verwässerung niedrig halten und die Kontrolle über ihre Unternehmen behalten.

Wenn du dich für den Risikokapitalweg entscheidest (Melde dich bei mir! shl.vc) hast du mit Profitabilität einen guten Hebel bei den Verhandlungen in der Hand. Aber es gibt auch neue Möglichkeiten, Geld zu beschaffen, mit denen du Eigentümer deines Unternehmens bleibst und deine Kunden stärkst.

Ich meine nicht nur neue Risikokapitalfonds wie den Calm Company Fund (Transparenzhinweis: Ich bin ein Investor) und den Tinyseed Fund, die in nachhaltige, manchmal minimalistische Unternehmen investieren. Diese Firmen stellen ein Portfolio mit einer höheren Trefferquote zusammen, dank derer sie nicht überoptimieren müssen, um das eine Unternehmen zu finden, das den gesamten Fonds rentabel macht. Aber sie sind noch lange nicht die Norm.

Was ich hier vor allem meine, ist eine völlig neue Möglichkeit, um an Kapital zu kommen, und zwar von deinen Kunden und deinen Gemeinschaften: Regulation Crowdfunding.

Im Jahr 2012 unterzeichnete US-Präsident Obama den JOBS Act. Dieses Gesetz sah, unter anderem, die Möglichkeit für Privatunternehmen wie Gumroad vor, Anteile an die breite Öffentlichkeit zu verkaufen, was fast jedem ermöglichte, in ein Unternehmen zu investieren. Am 15. März 2021 wurde die gesetzliche Grenze für das Regulation Crowdfunding von 1,07 Millionen Dollar auf 5 Millionen Dollar hochgesetzt. Diese neue Regelung erlaubte es außerdem, erst einmal »das Terrain zu sondieren«, sodass Unternehmen wie Gumroad erst prüfen konnten, wie groß die Nachfrage nach Investitionen in das Unternehmen war, bevor sie eine Crowdfunding-Kampagne starten.

Ich glaube, dass Crowdfunding die Finanzierungslandschaft umwälzen wird. Risikokapitalisten werden immer einen Platz darin haben, aber wer könnte ein Unternehmen besser finanzieren als seine Kunden, die verstehen, wie wertvoll sein Angebot ist? Und sobald die Gründer die Nachfrage prüfen können, bevor sie sich dafür entscheiden, werden die Zahlen wohl in die Höhe schießen.

Der größte Nachteil der alten Finanzierung war, dass man dadurch zwei unterschiedliche Gruppen schuf, die ein Interesse am Unternehmen hatten: die Investoren und die Kunden. Die neue Finanzierung erlaubt es Unternehmern, die Komplexität zu minimieren, indem sie Kunden zu Investoren machen. Plötzlich dient man nur noch einer einzigen Gruppe: der Gemeinschaft.

Ich spreche aus Erfahrung: Am 15. März 2021 ermöglichte ich es über Regulation Crowdfunding einigen Kunden von Gumroad, Anteilseigner zu werden. Innerhalb von zwölf Stunden bekamen wir 5 Millionen Dollar von mehr als 7000 Investoren. Jetzt sind Tausende unserer Kunden auch Investoren, sodass unsere Interessen deutlicher in Einklang sind.

Für die Unternehmen, die weder rein eigenfinanziert sein müssen und auch nicht den Weg der Risikofinanzierung einschlagen wollen, wird das Regulation Crowdfunding hoffentlich einen Mittelweg eröffnen. Aber das langfristige Ziel bleibt die Profitabilität (will heißen: Zukunftsfähigkeit). Wenn man einmal die Kontrolle über das eigene Schicksal übernommen hat, sollte man die Zügel nie wieder aus der Hand geben.

Stärke die profitable Zuversicht

Ich sage immer wieder, dass die Profitabilität die wichtigste Maßzahl für dein Unternehmen ist. Warum ich das tue? Weil Profitabilität eine Superkraft ist. Wer sein Kapital von Risikokapitalisten bezieht, wie wir es früher getan haben, der ist bei seinem Erfolg auf externe Kräfte angewiesen. Wenn die den Stecker ziehen, geht dir der Strom aus. Der Notgenerator wird noch eine Zeitlang helfen, aber auch nicht unbegrenzt.

Dank Profitabilität bist du vom Finanznetz unabhängig, und du hast die Möglichkeit, mit unbegrenzter Anlaufbahn bedachtsam zu wachsen. Du kannst dir Zeit nehmen und sorgfältig entscheiden, wie du in deinem eigenen Tempo die richtigen Ziele erreichen kannst. Bei den Navy-SEALS heißt es: »Slow is smooth and smooth is fast.« (Etwa: Langsam heißt reibungslos, und reibungslos heißt schnell.)

Chris Savage, CEO und Mitgründer von Wistia, einer Plattform für Video- und Podcastmarketing, nennt den daraus resultierenden Optimismus »profitable Zuversicht«. Im Jahr 2017 erkannten Savage und sein Gründerkollege Brendan Schwartz, dass durch ihre Bemühungen zu skalieren und schnell zu wachsen nicht nur ihre Arbeit bezüglich der Kreativität weniger interessant, sondern das Unternehmen auch weniger profitabel geworden war. Sie nahmen das Tempo raus und lernten so, ihren Instinkten wieder zu vertrauen – und wurden profitabler als je zuvor.

Für Wistia bedeutet profitable Zuversicht, dass Chris und Brendan wissen, dass sie überleben werden, ganz egal, was sie tun. Die Profitabilität gibt ihnen die Freiheit, ihre eigenen Ideen in ihrem eigenen Tempo zu verfolgen, ohne dass alles immer sofort (oder überhaupt) funktionieren muss. Sie setzen nicht mehr das ganze Unternehmen aufs Spiel, wenn sie etwas Neues ausprobieren wollen, und sie können jahrelang darauf warten, dass eine Neuerung sich auszahlt.

Das ist ein tolles Gefühl, weil man wirklich in die Dinge investieren kann, von denen man glaubt, dass sie erheblichen Mehrwert für die Kunden erschaffen werden, nicht nur das Zeug, das sich schnellstmöglich auf die Wachstumszahlen auswirkt, damit man das Risikokapital auftreiben kann, das man braucht, um weiterzumachen.

Wenn du profitabel arbeitest, kannst du dir Zeit lassen. Du kannst mit deinen Kunden reden und sicherstellen, dass du ihre Probleme verstehst, bevor du sie zu lösen versuchst. Dann kannst du deine Lösung immer wieder überarbeiten, bis du wirklich glücklich damit bist, auch wenn es Jahre dauert. Du könntest sie sogar immer wieder deinen Kunden zeigen, um ihr Feedback einzuholen, so wie wir es oft tun.

Weil dein Unternehmen aus eigener Kraft weiterbesteht, ist deine Anlaufbahn jetzt ewig lang. Wenn du keine Dummheiten machst, wirst du nicht untergehen. Das heißt, dass du deine Personalentwicklung ohne Ehrgeiz angehen solltest, ganz langsam. Du solltest auch keine unumkehrbaren Entscheidungen treffen, wie zum Beispiel einen Mietvertrag für Büroräume mit mehreren Jahren Laufzeit abzuschließen. Wenn du langsam vorgehst, kannst du überlegt ausliefern, weil du die Zeit und den Freiraum hast, um dich selbst, deine Kunden und deinen Markt kennenzulernen. Es verschafft dir auch einen klaren Blick auf den Weg, der vor dir liegt. Du wirst Fehler in deinem Produkt und deinen Systemen aufspüren können, bevor sie Folgen für deine Kunden haben. Du kannst deine Software im eingeschränkten Betamodus mit Kunden oder hinter einer Warteliste testen. Du kannst sicherstellen, dass dein Produkt gut genug ist, bevor du es einer größeren Öffentlichkeit anbietest. Auf diese Weise werden deine Kunden jede überlegte Neuerung, die du durchführst, zu schätzen wissen und dein Produkt lieben, ohne sich mit den Fehlern herumschlagen zu müssen, die durch schnelle Anpassungen und überstürzte Entscheidungen passieren.

Du kannst gar nicht genug mit deinem Mitgründer kommunizieren

Wenn dein Unternehmen so gut läuft, dass es nicht mehr scheitern kann, gibt es noch eine Schwachstelle, die es zu bearbeiten gilt: dich. Deinem Unternehmen wird das Geld nicht ausgehen, aber dir vielleicht die Energie.

Ein Streit zwischen Gründern bremst den Enthusiasmus und kostet so schnell Energie wie sonst kaum etwas anderes. Laut Paul Graham muss man mit Meinungsverschiedenheiten zwischen Gründern rechnen, und 20 Prozent solcher Situationen eskalieren, bis ein Gründer das Unternehmen verlässt.[82]

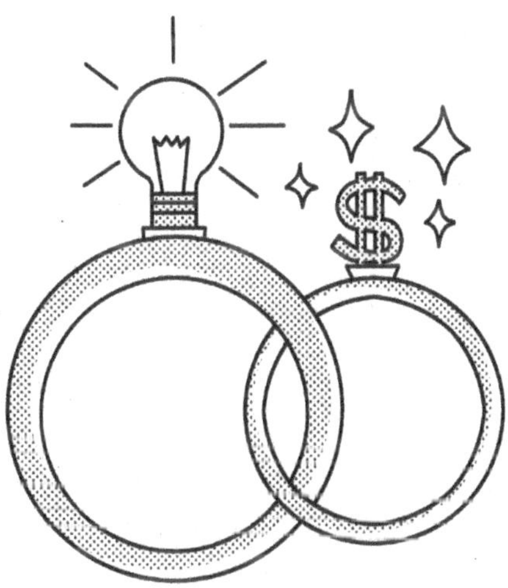

Niemand rechnet bei einer Heirat mit der Scheidung, und die meisten Gründer rechnen nicht damit, dass ihre Zusammenarbeit nicht funktionieren wird. Aber am Ende sind alle Beziehungen gleich, und es kann durchaus nützlich sein, Rahmenkonzepte von persönlichen Beziehungen auf professionelle zu übertragen, wenn es sich anbietet.

Die bekannten Paartherapeuten John und Julie Gottman behaupten, sie könnten das Ende einer Beziehung anhand der »Vier apokalyptischen Reiter« vorhersagen. So nennen sie vier Kommunikationsstile, die in einer Beziehung auftreten: 1. Kritik, 2. Verachtung, 3. Rechtfertigung, 4. Mauern.[83] Manche Gründer schaffen es, ihre Konflikte direkt zu lösen, und entdecken dabei ihre gemeinsamen Ziele und ihre Mission wieder, andere schaffen das nie, und dann zieht ein Gründer weiter.

Im Start-up-Land ist das nicht notwendigerweise schlecht. Start-ups werden dazu ermutigt, »schnell zu scheitern«, und Gründer durchlaufen oft gleichzeitig mehrere Teams und Ideen.

Aber auch ein anderes geflügeltes Wort stimmt: »Es ist schwieriger, sich von einem Mitgründer zu trennen als von einem Ehepartner.« Wenn du die besten Erfolgschancen für dein Unternehmen haben willst, dann solltest du die Beziehung zu deinen Mitgründern wie eine Ehe angehen. Bedenke Folgendes, bevor du dich langfristig mit jemandem zu einem Team zusammenschließt:

- Gehe nur mit jemandem eine Beziehung ein, dem du wirklich vertraust.
- Vereinbart ein Vesting*, damit jeder von euch seine Anteile im Lauf mehrerer Jahre verdient.
- Versichere dich, dass ihr euch einig seid, welche Werte ihr habt, was ihr aufbauen wollt und wie ihr es tun wollt.
- Berücksichtigt die Möglichkeit, dass einer von euch das Unternehmen verlässt. Plant voraus, wie ein erfolgreicher Exit aussehen könnte.
- Führt die schwierigen Gespräche so früh wie möglich. Es hat keinen Sinn, mit jemandem fünf Jahre lang auszugehen, bevor man herausfindet, ob der/die andere dasselbe will wie man selbst, und ebenso wichtig ist es bei einer ernsthaften beruflichen Beziehung, die Werte und Ziele der anderen zu erkunden und zu verstehen. Weil schwierige Gespräche noch schwieriger werden, wenn man sie aufschiebt. Hier sind einige Fragen, die man potenziellen Partner stellen kann:

    - *Wie sieht eine glückliche Beziehung aus?*
    - *Wie sieht Erfolg für dieses Unternehmen aus?*
    - *Wie sieht ein Exit aus?*
    - *Wie schnell willst du wachsen?*
    - *Warum machen wir das zusammen?*

Führt diese Gespräche immer wieder. Ihr könnt Termine festlegen, an denen ihr eure Ziele regelmäßig überprüft, damit Meinungsverschiedenheiten nicht still vor sich hin gären können, und versichert euch, dass ihr auf derselben Wellenlänge seid, welchen Weg ihr auch immer einschlagen wollt.

---

* Gründer oder auch Mitarbeiter müssen sich ihre Beteiligung am Unternehmen dadurch verdienen, dass sie eine bestimmte Zeit lang ihre Arbeitskraft in den Aufbau des Startups investieren. Dafür wird eine Vesting-Periode vereinbart. (Anm. d. Verl.)

Energie und Gesundheit erhalten

Traditionell heißt es, es gebe zwei Arten von Start-up-Gründern: Am einen Ende des Spektrums steht der Lifestyle-Unternehmer, der den ganzen Tag am Strand herumhängt, und am anderen Ende arbeitet jemand jeden Tag rund um die Uhr und macht nur Pause, um zu essen oder zu schlafen, wenn es sich nicht vermeiden lässt. Er gibt alles auf, was Freude und Energie bringt: Sport, Ruhepausen, Familie, Freiluftaktivitäten et cetera.

Zwischen diesen beiden Extremen ist jede Menge Raum, und so, wie dein Unternehmen sich verändern muss, um wachsen zu können und nicht zu stagnieren, musst auch du dich als Mensch weiterentwickeln. Natürlich muss man als minimalistischer Unternehmer viel und hart arbeiten – alles andere zu behaupten, wäre eine Lüge – aber es gibt nicht nur ganz oder gar nicht.

Ich spreche hier aus Erfahrung, denn ich habe mich bezüglich der Ziele, die ich für Gumroad hatte, mehrere Male umentschieden. In den ersten Jahren von Gumroad jagte ich Einhörner. Dann habe ich das Unternehmen auf Profitabilität getrimmt, und heute ist es nur eines von ein paar wenigen Projekten, an denen ich arbeite, wie dieses Buch. Grundsätzlich achte ich darauf, dass ich für mein Glück nicht zu sehr auf mein Unternehmen angewiesen bin, damit es mich nicht allzu unglücklich machen kann. Aber ich brauchte Jahre, um an diesen Punkt zu kommen, und in jeder Phase wollten völlig unterschiedliche Leute für Gumroad arbeiten. Ich musste das gesamte Team praktisch komplett neu aufstellen.

Wenn du versuchst, um jeden Preis zu wachsen, dann ist es leicht, derartigen Gesprächen auszuweichen. Das lässt sich auch problemlos rechtfertigen: Alles ist komplett auf Wachstum ausgerichtet, und diese Gespräche helfen kurzfristig nicht dabei. Aber auf lange Sicht, wenn sich dein Unternehmen wandelt, wie alle es tun, muss man sie führen. Oder sie werden dir aufgezwungen, wenn du es am wenigsten erwartest, und das ist sehr viel weniger erfreulich.

Um es ganz deutlich zu sagen: Hier geht es nicht darum, die eigenen Ambitionen zurückzuschrauben, damit das Unternehmen funktioniert. Es geht darum, die Ambitionen, die man für sich selbst und das Unternehmen hat, in Einklang mit den Ambitionen zu bringen, die die Kunden für sich selbst haben. Weil ich nicht versuche, um jeden Preis ein Milliarden-Dollar-Unternehmen aufzubauen, liegt mein Fokus jetzt darauf, mehr Gründer und Eigentümer von Unternehmern zu unterstützen.

Und ehrlich gesagt kannst du oft gar nicht schneller wachsen, selbst wenn du es versuchst. Ich habe jahrelang 60 Stunden die Woche gearbeitet, und dann wieder 4 Stunden pro Woche. Doch Gumroad wuchs immer in seinem eigenen Tempo, und es schien kaum ein Zusammenhang damit zu bestehen, wie viele Stunden ich arbeitete. Du wirst wahrscheinlich dasselbe feststellen: Dein Unternehmen wird so schnell wachsen, wie deine Kunden es festlegen. In unserem Fall waren das 15 Prozent im Jahr 2017, 25 Prozent im Jahr 2018, 40 Prozent im Jahr 2019 und 87 Prozent im Jahr 2020.

Das hat mich gelehrt, nicht in den Glauben zu verfallen, dass ich mehr tun, mehr verdienen und mehr wachsen muss, als wirklich notwendig ist. Sobald ich mich an den Gedanken gewöhnt hatte, dass ich nicht alles kontrollieren kann, wurde das weitere Vorgehen sehr viel einfacher. Ich musste nun nicht mehr so tun, als sei ich ein Produktvisionär, der ein Milliarden-Dollar-Unternehmen aufbauen will und der das kontrollieren kann; stattdessen konnte ich mich darauf konzentrieren, Gumroad für unsere Bestandskunden zu verbessern.

Manche glauben, sie müssten wie verrückt wachsen, weil »du gefressen wirst, wenn du nicht groß wirst«. Als wären Unternehmen Fische.

Das ist ein Irrtum. Die große Mehrheit der kleinen Unternehmen wird nie gefressen. Große Fische wollen andere große Fische fressen. Tatsächlich sind die langlebigsten Unternehmen der Welt auch einige der kleinsten. Es handelt sich um Restaurants, Hotels, Baufirmen und andere. Viele von ihnen sind Familienunternehmen oder kleine bis mittelgroße Firmen, die mit dem langsamen Ausbau ihrer Nische und einer leidenschaftlichen, mehrere Generationen umfassenden Kundschaft zufrieden sind. So etwas lohnt es sich anzustreben!

Vielleicht weißt du das schon. Vielleicht ist genau ein solches Unternehmen dein Ziel. Wenn ja, dann freue ich mich. Aber mir war das nicht von Anfang an klar, und auch heute noch beherrschen die Ideologien der Milliarden-Dollar-Unternehmen die sozialen Medien und das Fernsehen.

Zum Schluss noch eine letzte Wirtschaftslektion: Nichts ist umsonst. Wenn Du das Geld deiner Kunden ausgibst, denke dran, was du in diesem Kapitel gelernt hast, und sorge dafür, dass du dich so verhältst, als wäre es dein eigenes Geld. Statt wie verrückt Leute einzustellen, suche dir Unterstützung, wenn es weh tut. Statt ein schickes Büro einzurichten, arbeite in einem schicken Coffeeshop. Wenn du Geld ausgibst, dann achte darauf, wie sich das auf deine Burn-Rate und deine Anlaufbahn auswirkt.

Du weißt jetzt, wie du alles am Laufen halten und wachsen kannst. Du bist jetzt bereit, deine ersten Mitarbeiter einzustellen und deine Betriebsabläufe zu optimieren, um zu skalieren. Darum wird es im folgenden Kapitel gehen.

DAS WICHTIGSTE IN KÜRZE

- Strebe »profitable Zuversicht« an: Eine endlos lange Anlaufbahn maximiert deine Kreativität, Eindeutigkeit und Kontrolle. In der Theorie ist das ganz einfach (gib weniger aus, als du verdienst), in der Praxis allerdings ist das nicht immer leicht.
- Gib weniger aus, indem du weniger machst. Geh nicht zu schnell vor, miete kein Büro, werde nicht zu groß. Wachse so schnell, wie deine Kunden es wollen – und wofür sie dich bezahlen.
- Wenn du Kapital brauchst, dann überlege dir, dich von deiner Gemeinschaft finanzieren zu lassen und aus deinen Kunden Eigentümer zu machen.
- Den meisten Gründern geht die Energie noch vor dem Geld aus. Erhalte deine Energie ebenso wie die deiner Mitgründer und Kollegen, indem ihr euch früh und oft darüber abstimmt, was wirklich wichtig ist.

Lesetipps

- Folge Chris Savage, dem Mitgründer und CEO von Wistia, bei Twitter (@chrissavage) und lies seine Artikel über profitable Zuversicht hier: https://wistia.com/learn/culture/profitable-confidence-how-to-build-a-business-for-the-long-term.
- Informiere dich über die »Vier apokalyptischen Reiter« der Gottmans. Ein guter Ausgangspunkt ist: https://www.gottman.com/blog/the-four-horsemen-recognizing-criticism-contempt-defensiveness-and-stonewalling/.
- Schau dir die Crowdfunding-Kampagne von Gumroad an unter: https://republic.com/gumroad-march-2021.

7

DAS HAUS ERRICHTEN, IN DEM DU LEBEN WILLST

Man kann den wunderbarsten Ort der Welt erträumen, erschaffen, entwerfen und aufbauen …, aber um einen Traum Realität werden zu lassen, braucht es Menschen.[84]

WALT DISNEY

Immer wenn ich überlege, was ich als Nächstes tue, stelle ich mir die Frage, die Gary Keller in The One Thing aufwirft: »Welche EINE Sache können Sie […] erledigen, deren Vollendung alle anderen Aufgaben einfacher oder sogar überflüssig macht?«[85]

Deswegen haben wir uns in diesem Buch erst auf die Gemeinschaft fokussiert und dann auf den Prozess, erst auf den Prozess und dann auf das Produkt, erst auf den Verkauf und dann auf das Marketing und auf das Marketing vor dem Wachstum.

Was die Menschen in deinem Unternehmen betrifft, lautet die Antwort auf Kellers Frage: Fokussiere dich auf die Firmenkultur, bevor du einstellst. Bevor du irgendjemanden anheuerst, musst du erst ein Unternehmen aufbauen, für das Menschen arbeiten wollen. Das beginnt damit, dass du deine Werte definierst, am besten so früh wie möglich, weil Werte die Grundlage der Firmenkultur bilden, die du gemeinsam mit deinen Mitarbeitern aufbauen willst.

Früher hielt ich es, ehrlich gesagt, für ziemlich blöd, Firmenwerte zu kommunizieren. Sei freundlich, arbeite hart, sei pünktlich – ist das nicht offensichtlich? Dann gründete ich Gumroad und stellte fest, dass man vom Kurs abkommt, wenn man nicht jeden – auch sich selbst – ständig daran erinnert, was man tut, wie man es tut und warum man es so tut. Dann muss man Korrekturen durchführen, und das meistens im ungünstigsten Moment.

Für mich kam dieser Moment im Herbst 2014, als ich zum ersten Mal mit Risikoinvestoren über die nächste Finanzierungsrunde für Gumroad sprach. Als mir klar wurde, dass es nicht leicht werden würde, Geld für die Series-B-Finanzierungsphase zu bekommen, musste ich mehrere Teammitglieder auf eine völlig andere Firmenkultur einstimmen – eine, die sich darauf konzentrierte, ein profitables, nachhaltiges Unternehmen aufzubauen statt einem Einhorn. Unsere Prioritäten veränderten sich nicht – wir waren und sind in erster Linie Kreateure –, aber wegen unseres neuen Fokus musste ich mit manchen unserer Mitarbeiter über ihre Karriereplanung sprechen. Und ich kann bestätigen, dass es sehr viel schwieriger, emotionaler und teurer ist, seine Firmenkultur zu korrigieren als einen Programmcode.

Menschen sind keine Computer. Wir sind alle unberechenbare, emotionale Wesen. Jeder weitere Mitarbeiter, den du einstellst, macht die Interaktionsmatrix in deinem Unternehmen komplexer. Du wirst Fehler machen, aber deine Unternehmenswerte werden dir den Weg weisen, wie du wieder in die Spur kommen kannst.

Heute arbeiten 48 Menschen für Gumroad auf der ganzen Welt, und sie wirken glücklich! Aber ich habe auf dem Weg dorthin einige Höhen und Tiefen erlebt. In diesem Kapitel werde ich alles weitergeben, was ich auf die harte Tour darüber gelernt habe, wie man die richtigen Leute im richtigen Tempo engagiert und wie man sie angesichts der endlosen lukrativen und glamourösen Arbeitsangebote, vor allem im Technologiebereich, glücklich und produktiv erhält. Ich spreche auch über die Probleme und Chancen von verteiltem Arbeiten und anderen unkonventionellen Lösungen für Probleme mit Menschen. Es ist ein andauernder Prozess, der niemals wirklich endet.

Bevor man jemanden zu sich nach Hause einlädt, muss man erst einmal aufräumen. Ich habe noch nie eine Party erlebt, nach der das Haus sauberer war als vorher, und ein Unternehmen ist eine endlose

Party. Also finden wir heraus, in welcher Art von Haus du leben willst, und füllen es dann mit großartigen Menschen, die dich auf dieser Reise begleiten werden.

Definiere deine Werte früh und häufig

Werte sind keine allgemeinen Zwei-Wort-Phrasen, mit denen Unternehmen das Offensichtliche sagen. Ganz im Gegenteil: Sie sollen das Nicht-Offensichtliche ausdrücken auf nicht-offensichtliche Weise. Sie kodifizieren, was du glaubst, und machen das für alle einsehbar – und alle können auch Änderungen vorschlagen.

Werte gehören zu einer mündlichen Tradition. Sie erzählen Mitarbeitern eine Geschichte darüber, wie sie sich in alltäglichen und extremen Situationen verhalten sollen. Und sie sind ein effizienteres Informationsmedium als Dienstvorschriften und Handbücher. Der Grund dafür ist, dass gute Werte im Gedächtnis hängen bleiben; sie sind effizient und einprägsam.

Ein Beispiel: Nordstrom ist bekannt für seinen Kundenservice. Man erzählt sich, dass einmal ein Kunde mit einem Satz Reifen in den Laden kam und sie zurückgeben wollte, obwohl Nordstrom gar keine Reifen verkauft, sondern Bekleidung. Der Laden nimmt die Reifen trotzdem an und erstattet dem Kunden das Geld. In einer weiteren Anekdote findet ein Mitarbeiter ein gewünschtes Paar Schuhe in keinem Nordstrom-Geschäft in der Nähe und empfiehlt dem Kunden daraufhin ein Konkurrenzgeschäft, Macy's, und übernimmt sogar die Versandkosten.

Diese Geschichten sagen mehr darüber aus, welchen Service Nordstrom – und seine Kunden – erwarten, als es ein 1000-seitiges Handbuch »Wie man ein guter Verkäufer wird« je könnte. Man könnte morgen anfangen, dort zu arbeiten, und hätte schon eine recht gute Vorstellung davon, welche Standards man zu erfüllen hätte, um zur Firma zu passen.

Das ist so, weil sich Werte nicht nur an die Menschen innerhalb des Unternehmens richten. Sie sagen deinen Kunden und den Menschen, die möglicherweise für dich arbeiten wollen, dass es dich gibt und dass das Unternehmen möglicherweise gut zu ihnen passt. Vor allem aber sagen sie allen anderen, dass dein Unternehmen nicht das richtige für sie ist, was dir und ihnen kostbare Zeit spart.

Diese absolute Klarheit ist für minimalistische Unternehmer besonders wichtig, weil wir oft Menschen anziehen, die bei uns ihre erste Arbeitsstelle antreten könnten. Wenn du die Werte deines Unternehmens früh festlegst und kommunizierst, formulierst du damit auch Erwartungen, wie innerhalb der Organisation gearbeitet und wie mit Meinungsverschiedenheiten umgegangen wird. Sie sind nicht nur eine Möglichkeit, deinem Team deinen Willen aufzuzwingen. Sie sorgen für Zusammenhalt im Team und ermöglichen deinem Team, dich zur Verantwortung zu ziehen.

Werte ersetzen dich, und Werte erlauben dir zu skalieren. Schließlich hast du ein Unternehmen auch gegründet, weil du dein Umfeld kontrollieren wolltest: Wann, wie und wo du arbeitest, mit wem, für wen und anderes mehr. Werte stellen sicher, dass alle sich darüber im Klaren sind, wie das aussehen soll. Besonders wichtig ist das, wenn es um schwierige Entscheidungen geht.

Natalie Nagale, Mitgründerin und CEO von Wildbit, hat damit unmittelbare Erfahrungen gesammelt. Sie und ihr Mann Chris haben Wildbit im Jahr 2000 gegründet, und im Jahr 2012 erreichte das Wachstum von Beanstalk, der Workflow-Software, die eines ihrer Kernprodukte war, seinen Höhepunkt.

»Das war eine wichtige Zeit für uns«, sagt sie, »weil wir gezwungen waren, uns zu fragen, was wir gerade aufbauten und was wir wachsen lassen wollten«. Nach einem der Prinzipien von Wildbit sind Unternehmen produktagnostisch, und das half ihnen bei der Entscheidung, Beanstalk in den Wartungs- und Support-Modus zu versetzen. Dadurch fiel einiges an Arbeit weg, und sie konnten sich auf die Weiterentwicklung von Postmark konzentrieren, einen E-Mail-Zustelldienst, der ihr zweites Kernprodukt war.

Seit Wildbit nicht mehr durch ein Produkt oder Projekt definiert wird, hat das Unternehmen mehr Freiraum, um »jede Gelegenheit zu nutzen, um zu lernen«, was eines seiner Kernwerte ist.[86] In der Praxis bedeutet das, dass die Firma einfach mit etwas anderem weitermacht, wenn irgendetwas, auch ein langfristiges Projekt, nicht mehr interessant oder herausfordernd ist. Nach fünf Jahren legte Wildbit im Jahr 2020 Conveyor still, das als Nachfolger für Beanstalk gedacht gewesen war. Für ein anderes Unternehmen hätte das der Todesstoß sein können, aber für Wildbit schaffte es Freiraum, damit das Team zwei neue Projekte auf den Markt bringen konnte: Die Online-Stellenbörse People First Jobs und DMARC Digest, einen Überwachungsdienst, der E-Mail-Betrug verhindern soll.

Entscheidungen, die das Leben deiner Mitarbeiter und Kunden betreffen, sollte man nicht auf die leichte Schulter nehmen. Aber wenn du dich für deine Werte entschieden und eine Kultur um sie herum errichtet hast, wird es sehr viel einfacher. Viele Gründer glauben, dass sie ihre Werte später noch aufschreiben können, dass sie sich rechtzeitig herausbilden und dass sich die Kultur ganz natürlich entwickeln wird. Das ist auch so, allerdings könnte das dann keine Kultur sein, die du für dich, dein Team und deine Kunden willst.

Du kannst klein anfangen und darauf aufbauen. Aber es ist wichtig, dass man mit Gesprächen über die Werte beginnt – selbst wenn man sie erst einmal nur mit sich selbst führt. Du kannst deine Werte durch prägnante Sprüche kommunizieren oder du kannst lange Geschichten aus ihnen spinnen, aber du solltest damit anfangen.

Bei Gumroad stehen unsere Werte in einer Kulturdatei mit dem Titel »Was wichtig ist«. Als Hilfestellung für dich bei der Entwicklung deiner eigenen Werte, habe ich den Text im weiteren Verlauf eingefügt. Die Werte passen vielleicht nicht genau zu deinem Unternehmen, aber vielleicht sind sie ein guter Ausgangspunkt für deine Überlegungen und Taten.

Das Produkt Gumroad kennst du jetzt ja schon. Darf ich vorstellen: Gumroad, das Unternehmen!

BEURTEILUNG ANHAND DER ARBEIT

Bei diesem Wert geht es darum, das, was wirklich zählt, realistisch zu sehen: die Erfahrung, die unsere Gründer – und deren Kunden – machen, wenn sie Gumroad nutzen.

Intern kommuniziere ich das folgendermaßen:

Unseren Kunden sind nicht wir wichtig, sondern das Produkt, die Inhalte und die Gemeinschaft, die wir ihnen liefern.

Daraus folgen mehrere Dinge:

- Auch wenn wir oft in Bunkern arbeiten, ist die Auslieferung nicht die Leistung eines Einzelnen. Alles, was wir unseren Kunden schicken, ist von höchster Qualität, was bedeutet, dass *alles* von mehreren Mitgliedern des Gumroad-Teams, unseren Kunden (vor allem ihnen!) und anderen in unserer weiteren Gemeinschaft überprüft wird. Ich habe zum Beispiel meinen Artikel über Arbeit (sahillavingia.com/work) erst veröffentlicht, nachdem ich 600 Kommentare von 150 Leuten eingearbeitet hatte. Das ist ein Extremfall, aber es hat dazu geführt, dass Hunderttausende Menschen einen besseren Text zu lesen bekamen.
- Wir können mit Mitarbeiterfluktuation leben. (Tatsächlich ermutige ich dazu, wenn es uns hilft, ein höherwertiges Produkt zu liefern.)

Und schließlich: **Wenn Feedback hereinkommt, wie etwas das Leben eines Kunden hätte verbessern können, *nachdem* es ausgeliefert wurde, sollte das als Versagen betrachtet werden.**

STREBE SUPERLINEARITÄTEN AN

Mit diesem Wert lässt sich Wachstum definieren und unterstützen. Zwar ist Superlinearität ein mathematisches Konzept und bezeichnet eine Funktion, die ab einem bestimmten Punkt schneller ansteigt als eine lineare Funktion, aber bei Gumroad steht sie für unsere Bereitschaft, in immer schnellerem Tempo zu lernen.

Intern kommuniziere ich das folgendermaßen:

> Wir haben eine feste Anzahl an Stunden und unbegrenzte Umsätze, die wir für unsere Kreateure realisieren sollen. Alles, was wir tun, sollte messbar und skalierbar zum Geschäftsergebnis unserer Kreateure beitragen. **Jeden Tag erwirtschaftest du superlineare Renditen auf deine investierte Zeit.**

In der Praxis bedeutet das, dass sich die Arbeitsaufgaben bei Gumroad schnell ändern. Manche Mitarbeiter entwachsen ihren Rollen vielleicht und verlassen Gumroad, um ein eigenes Unternehmen zu gründen. Großartig!

JEDER IST EIN CEO

Bei diesem Wert geht es darum, ein Unternehmen voller ähnlich Gesinnter aufzubauen. Ich bin CEO, finde es einen tollen Job und will daher ein Unternehmen voller CEOs erschaffen.

Intern kommuniziere ich das folgendermaßen:

> Du bist am Ende verantwortlich dafür, wie du das Geld unserer Kunden ausgibst, und es ist deine Aufgabe, dem Unternehmen darüber Rechenschaft abzulegen.
>
> Du bist der CEO deines Aufgabenbereichs, und es liegt in deiner Verantwortung, dafür zu sorgen, dass er hohe Leistungen erbringt, und dem Rest des Unternehmens – und unseren Kunden – Beweise dafür vorzulegen.

Du musst strategisch denken (bezüglich des Unternehmens und des Produkts), proaktiv Dinge erledigen, um Hilfe bitten, wenn du sie brauchst, und dich selbst zur Rechenschaft ziehen, bevor ich es muss.

Entsprechend solltest du auch keine Ressourcen verschwenden:

- Jeder erfüllt eine wichtige Aufgabe, wenn du ihn oder sie um Hilfe bittest. **Tue daher dein Möglichstes, um ihnen Zeit und ein kostspieliges Hin und Her zu ersparen.** Das bedeutet, dass man allen notwendigen Kontext liefert, auch objektive Maßangaben.
- Denke wie ein CEO, der den Aufsichtsrat um Zustimmung bittet, nicht wie ein Angestellter, der auf Anweisungen seines Vorgesetzten wartet. **Wenn dich jemand fragen muss, wie es läuft, dann läuft es nicht gut.**

Die meisten Menschen wollen kein CEO sein; die meisten Menschen wollen nicht für ein Unternehmen arbeiten, das solche Erwartungen an seine Mitarbeiter hat. Das ist auch okay. Die Menschen, die CEO werden wollen, finden unsere Arbeitsumgebung ansprechend, und ich glaube, dass gerade sie ohnehin den höchsten Mehrwert für unsere Kunden erschaffen können.

WAGE OFFENHEIT

Angesichts der Tatsache, dass du unsere internen Werte liest, ist dieser Wert wahrscheinlich der offensichtlichste von allen.

Intern kommuniziere ich das folgendermaßen:

Wenn Gumroad ein Geheimnis hat, dann dieses: Wir streben vollständige Informationssymmetrie an. Du weißt alles, was ich weiß, und am Ende werden unsere Kunden alles wissen, was du und ich wissen.

> Wir erstellen das beste Produkt mit dem besten Team für die beste Gemeinschaft. Vollständige Offenheit zieht mehr fantastische Menschen in dein Ökosystem.

Das zeigt sich in mehrfacher Hinsicht, etwa indem man die Einstellungsdokumente öffentlich zugänglich macht und jeden Monat die Finanzdaten auf Twitter teilt. So weiß nicht nur jeder Mitarbeiter von Gumroad, worum es uns geht, sondern auch unsere Kunden und alle, die vielleicht erwägen, für uns zu arbeiten.

Dieses Maß an Transparenz empfehle ich jedem. Ihr Vorteil ist, dass manche Leute, die mehr über dein Unternehmen erfahren, es toll finden werden. Der Nachteil ist, dass manche Leute das nicht tun werden. Sie werden Anstoß nehmen an deiner Firmenpolitik bezüglich Produktqualität und verteilter Arbeit oder deine Zahlen auseinandernehmen. Wenn man eine Haltung hat und sie in die Praxis umsetzt, kann das polarisieren, aber wenn es für dich, deine Kunden und Mitarbeiter funktioniert und deine Firma profitabel ist, dann kannst du nachts ruhig schlafen mit dem Wissen, dass du das Richtige tust. Das kann dir niemand nehmen.

Ein weiterer Vorteil ist: Wenn es schlecht läuft, kann Transparenz zu den Überlegungen führen, die die Situation verbessern. Das Grundlegendste, das ich als Chef eines Unternehmens gelernt habe, ist der Unterschied zwischen Verhalten und Absicht. Verhalten ist das, was jemand tut; die Absicht ist der Grund, warum er oder sie es tut. Die meisten Menschen beurteilen sich selbst nach ihrer Absicht, aber andere nach ihrem Verhalten. Transparenz macht das schwieriger, wenn nicht gar unmöglich.

Als CEO eines wirkungsvollen Unternehmens ist es mir wichtig, offen zu meinen Absichten zu stehen. Dann können andere mein Verhalten damit vergleichen und Verbesserungen vorschlagen, damit beides besser zueinander passt. Sonnenlicht mag nicht immer das beste Desinfektionsmittel sein, aber oft hilft es.

Transparenz bezieht sich nicht nur auf das, was wir der Welt zeigen, sondern auch auf die internen Abläufe. In Kapitel 3 sprach ich über die

Prozesse, mit denen wir unser Geschäft betreiben, die alle dokumentiert und für jeden Mitarbeiter einsehbar sind. Tagtäglich halten wir mit Tools wie Slack und Notion jeden im Unternehmen darüber auf dem Laufenden, was gerade geschieht, und machen für die Mitarbeiter deutlich, warum ihre Arbeit zählt. Wer neugierig ist, kann sich in alles Einblick verschaffen (oder einen Job übernehmen, wenn es notwendig ist). Als Folge der offenen Umgebung, die wir durch öffentliche Geschäftszahlen, Verzicht auf Meetings und offene Kommunikation erschaffen haben, gibt es bei uns keine Geheimnisse und keine FOMO (= Fear of missing out, etwa: die Angst etwas zu verpassen, Anm. d. Übers.).

Zum Beispiel kann bei Gumroad jeder auf einer Übersicht der Kennzahlen online einsehen, wie viel unsere Kreateure verdienen. Das birgt das Risiko, dass man eine kontraproduktive Fixierung auf die Zahlen entwickelt (manchmal ist es die Aufgabe des Gründers, sich um die Bilanz zu kümmern, nicht der Mitarbeiter), aber grundsätzlich entsteht eine bessere, autarke Organisation, wenn man das Team mit den Daten ausstattet, das es braucht, um eigene Entscheidungen zu treffen. Außerdem muss man so selbst weniger tun, was ein Hauptgrund dafür war, dass man überhaupt minimalistischer Unternehmer geworden ist.

Wir gewähren auch allen Zugang zu den Traffic-Dashboards, und einige unserer Entwickler überprüfen dort, wenn sie Pausen von ihrer normalen Arbeit einlegen wollen, welche Seiten sie schneller machen können. Solchen Dingen habe ich nie Priorität eingeräumt, aber sie sparen unseren Kunden Zeit und verbessern unser Produktangebot.

Wenn du gute Leute einstellst, dann werden sie sich selbst am Ende besser managen, als du es je könntest. Und langfristig bleibst du auf Augenhöhe mit deinen Angestellten, wenn du allen Autonomie gibst, sodass du neben deinen Programmierern programmieren und neben deinen Entwicklern entwickeln und deine Zeit dazu nutzen kannst, etwas Wirkungsvolles zu erschaffen und aufzubauen, statt ständig andere anzuleiten. Solange du die langfristige Vision deines Unternehmens basierend auf klar formulierten Werten vorgibst, werden deine Mitarbeiter dich gern unterstützen.

Transparenz ist auch in den schwierigen Bereichen wie Geld wichtig. Bei Gumroad legen wir alle Gehälter für alle im Unternehmen in einer einfachen Tabelle offen, die ich ständig aktualisiere. So fühlen sich die Leute wohl mit dem, was sie selbst verdienen, und es minimiert die Informationsasymmetrie zwischen mir und dem Rest des Teams. Derartige Informationen zu veröffentlichen, mag am Anfang Angst machen, aber nur, weil es ungewöhnlich ist. In der Praxis verringert es die Anzahl der Fragen zur Vergütung, die ich beantworten muss, und es hilft, Verdienstunterschiede aufgrund von Tendenzen zu vermeiden.

Wenn du deine Geschäftszahlen und die Gehälter offenlegst, zeigt das den Mitarbeitern, wie ihre Arbeit zur Gesamtprofitabilität des Unternehmens beiträgt. Durch diese Information wird es für alle leichter, ein ehrliches Gespräch darüber zu führen, wieviel sie an Bezahlung verdienen, wenn die Zeit kommt. Weltweite Studien haben gezeigt, dass 79 Prozent der Menschen, die ihren Job kündigen, »mangelnde Wertschätzung« als Kündigungsgrund angeben, und auch wenn es normal ist und sogar erwartet wird, dass Angestellte über das Unternehmen hinauswachsen und weiterziehen, willst du nicht, dass unnötige Mitarbeiterwechsel Teil deiner Firmenkultur werden.

Vorsicht vor dem Peter-Prinzip!

Ich manage nicht gerne. Ich hätte viel lieber 10 tolle Leute in meinem Team als 100 gute. Dann könnten wir vielleicht in absoluten Zahlen nicht so viel Code liefern wie andere Start-ups, aber pro Person sind wir so sehr viel produktiver und zufriedener.

Letztendlich skaliert ein Unternehmen erfolgreich, weil Mitarbeiter ermächtigt werden, Kunden ohne Einmischung zu helfen. Dein Job und der Job jedes Leitungsteams, das du zusammenstellst, besteht darin, den Mitarbeitern die Ressourcen zur Verfügung zu stellen, die sie brauchen, um erfolgreich zu sein, und, wenn nötig, auch den Überblick von oben, damit sie deutlich erkennen können, wie ihre Arbeit ins Gesamtbild passt, ohne es mühsam selbst herausfinden zu müssen.

Sei kein Produktvisionär – und schon gar kein Produktdiktator. Dein Unternehmen sollte kein Persönlichkeitskult sein, der nur das aufbaut, was du willst, mit einem Zeitplan, den du vorgibst. WeWork ist ein Beispiel, wie ein solches Vorgehen in den sicheren Untergang führt.[87] Neben den zahlreichen Exzessen, fragwürdigen Entscheidungen und großzügigen Kapitalspritzen, ohne dass ausreichend Beweise vorgelegen hätten, dass das Unternehmen je profitabel sein würde, sticht ein faszinierendes Detail heraus. Obwohl WeWork nicht das Geringste mit Surfen zu tun hat, genehmigte der Aufsichtsrat eine 13-Millionen-Dollar-Investition in ein Unternehmen, das künstliche Wellenpools herstellte, weil der ehemalige CEO Adam Neumann ein begeisterter Surfer war.

Natürlich ist das ein extremer Fall, in dem die Vorstellungen und Vorlieben eines CEO, so irrational und gegen die Interessen des Unternehmens sie auch sein mochten, den Untergang dieses Unternehmens bewirken können, aber so etwas geschieht wirklich. Du solltest eindeutige Schlüsselkennzahlen (KPI, key performance indicators) bestimmen, die alle kennen und mit denen sie ihre Arbeit vergleichen können, ob du nun 3 Mitarbeiter hast oder 300. So können alle mit Kunden reden oder etwas für sie entwickeln.

Das Peter-Prinzip, formuliert durch den Lehrer Laurence J. Peter, besagt: »In einer Hierarchie neigt jeder Beschäftigte dazu, bis zu seiner Stufe der Unfähigkeit aufzusteigen.«[88]

Das war zwar ursprünglich als Satire gemeint, aber vielleicht entspricht es deinen eigenen Erfahrungen, dass in einer strengen Hierarchie alle in dem Job hängenbleiben, in dem sie nicht gut sind. Bei Gumroad habe ich versucht, das Peter-Prinzip auf den Kopf zu stellen. Die Angestellten arbeiten für die Kunden. Ich arbeite für meine Angestellten. Die besten Leute machen den Job, den sie am besten beherrschen, einfach weiter, wenn sie befördert werden – sie bekommen nur mehr Geld dafür.

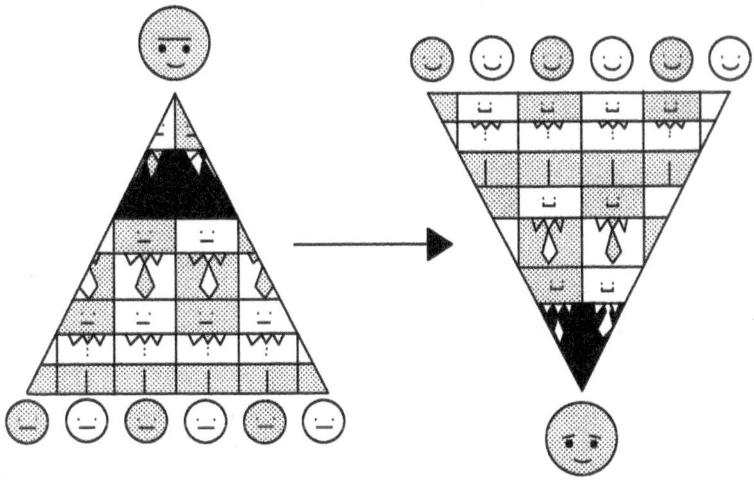

Das Problem mit Führungskräften ist, dass sie sich nicht wirklich verantwortlich fühlen für den Erfolg der Menschen, die sie anleiten sollen. Aber manchmal muss man sich mehr als verantwortlich fühlen: Die Karriereziele und das Wachstum der Mitarbeiter müssen einem wichtig sein, und man muss in sie investieren – auch über das hinaus, was für das Unternehmen notwendig ist. Es geht für alle Beteiligten um langfristige Aussichten.

Das kann auch bedeuten, dass du deine Mitarbeiter dazu ermutigst, die Firma zu verlassen und anderswo mehr Wachstumschancen zu finden. Darum wird es am Ende dieses Kapitels gehen.

Schaffe Verantwortlichkeiten

Gumroad arbeitet seit 2015 mit verteilten Teams.

Verteiltes Arbeiten wird in Zukunft die Norm für so ziemlich alle Firmen werden, in denen kein Firmenbüro gebraucht wird. Das betrifft fast jedes Unternehmen, das während der COVID-19-Pandemie umgeschwenkt und einen Weg gefunden hat, mit einem verteilten Team weiterzumachen.

Wenn du kein Firmenbüro hast, musst du dich nicht auf die Menschen in deiner geografischen Nähe beschränken. Du kannst auf der ganzen Welt Mitarbeiter einstellen – und so die besten Leute finden und in dein Unternehmen bringen, ohne dass einer von euch sein Zuhause verlassen oder um die halbe Welt fliegen muss.

Sobald du diesen Schritt getan hast, wird dir vielleicht auffallen, dass auch eine weitere gängige Meinung, wie man ein Unternehmen führen sollte, keinen Sinn ergibt. Meetings, zum Beispiel. In den meisten Unternehmen sind Meetings ein wichtiges Werkzeug, damit die Arbeit erledigt werden kann, aber bei Gumroad gibt es sie nicht. Wir sind sogar noch einen Schritt weiter gegangen und arbeiten vollständig asynchron. Das bedeutet, dass wir sehr überlegt kommunizieren. Weil nichts dringend ist – es sei denn, die ganze Website ist zusammengebrochen –, wird erst gründlich nachgedacht, bevor diskutiert wird.

Aber was ist, wenn etwas wirklich Dringendes geschieht? Tatsächlich ist es so, dass unser Geschäftsmodell gar nicht die Art von Situation hervorbringt, in denen man »alles fallen lassen und sich sofort damit beschäftigen« müsste und die auftreten können, wenn ein Unternehmen sich beispielsweise auf Geschäftsentwicklung stützt und ein wichtiger Kunde wegen einer Funktionsminderung abspringt oder weil ein Abgabetermin verpasst wurde.

Wenn etwas fast sofortiges Handeln erfordert, dann nutzen wir Slack als das, was einem Kommunikationskanal in Echtzeit am nächsten kommt. Unsere Codebasis liegt bei GitHub, und dort stellen unsere Entwickler auch ihren Code ein, damit Kollegen ihn begutachten können, bevor er eingefügt und online bereitgestellt wird. Für alles andere haben wir Notion. Dort stehen auch unser Entwicklungsplan (den wir veröffentlichen) und unsere Produktentwicklungsprozesse, und dort tauschen wir auch unsere Erfahrungen darüber aus, wie jeder Einzelne seinen Job macht.

Dieses dreiteilige System ist eine nützliche Methode, durch die unsere Mitarbeiter wissen, wo sie Hilfe bekommen, wenn sie sie brauchen, innerhalb weniger Stunden – bei Slack, in ein oder zwei Tagen – über GitHub. Und wenn es länger dauern kann – via Notion. Transparenz bezüglich Geschäftszahlen und Gehälter ist wichtig – aber es ist auch wichtig, dass die richtigen Informationen zur richtigen Zeit für die richtigen Leute einfach bereitgestellt werden können.

Wenn etwas wirklich in Echtzeit besprochen werden muss, nutzen wir inzwischen Clubhouse für reine Audiogespräche. Dort können wir auch Kunden sehr viel einfacher in unsere Besprechungen miteinbeziehen als bei einer Zoom-Konferenz.

Diese Kultur setzt voraus, dass jeder allen anderen ankündigt, wenn er oder sie »deep work« verrichten will, wie der Autor Cal Newport es nannte, also konzentriert an einer kognitiv anspruchsvollen Aufgabe arbeiten. Ein Großteil unserer Arbeit, wenn wir etwa schreiben, programmieren und entwerfen, verträgt Unterbrechungen nicht besonders gut. Von allgemeinen Vorgaben abgesehen, bleibt jedem selbst überlassen, wie er oder sie das im Einzelnen umsetzt. Sie können andere wissen lassen, wann sie ansprechbar sein und Fragen beantworten werden, oder sie können alle Benachrichtigungen wochenlang abschalten. Ich blocke einfach Zeiten in meinem Terminkalender.

Klare Vorgaben bezüglich der Verfügbarkeit ermöglichen es den Mitarbeitern, ihre Arbeit um ihr Leben herum zu arrangieren, nicht andersrum. Besonders toll ist das für junge Eltern, aber auch alle anderen profitieren davon, wenn sie ihre Tage so strukturieren können, dass ihre Zufriedenheit und Produktivität maximiert werden, und die meisten Leute lernen, sich selbst zu organisieren und produktiv und wirkungsvoll zu arbeiten.

Mir ist klar, dass meine Arbeitsweise und unsere Arbeitsweise bei Gumroad nicht für jeden Gründer und jedes andere Unternehmen geeignet sind, abhängig von der Art des Unternehmens. Zwar finden flexible Arbeitszeiten zunehmend Verbreitung, aber manche Firmen funktionieren am besten, wenn sie wie wir vollständig asynchron und aus dem Homeoffice arbeiten, während andere eine Kombination aus verteilter Arbeit und gemeinsamer Arbeit in einem Coworkingspace nutzen. Solange man ganz klar darauf fokussiert bleibt, den Kunden das beste Produkt zu liefern, wird sich ein funktionsfähiges System von unten nach oben entwickeln, statt von oben diktiert werden zu müssen.

Am Ende entscheidest du selbst, in welchem Haus du leben willst, und suchst dann Menschen, die das genauso sehen wie du. Gumroads Werte sind ein wenig unkonventionell. Man könnte sie sogar ein wenig furchterregend finden. Aber sie steuern alles, was wir tun, und sie sagen aus, was die Welt über unser Unternehmen wissen muss. Unsere Werte sind vielleicht für die meisten Menschen unpassend. In dem Fall passt Gumroad nicht zu ihnen. Zum Glück gibt es noch Millionen andere Unternehmen, die besser passen.

Wie Simply Eloped seine Werte definierte und wieder auf Erfolgskurs ging

Mitarbeiter einzustellen, bevor Werte und Firmenkultur definiert sind, ist eine Herausforderung, vor der viele Gründer stehen, vielleicht, weil es normal ist, aber zum Glück kann man diesen Fehler korrigieren.

Die beiden Gründer Janessa White und Matt Dalley stießen auf Probleme, als sie die ersten Mitarbeiter für Simply Eloped einstellten, ein Unternehmen, das Paare dabei unterstützt, Hochzeiten im Geheimen oder an besonderen Orten zu organisieren. Bis zu diesem Punkt hatten Matt und Janessa alles richtig gemacht. Sie waren langsam gewachsen und hatten jeden Dollar überlegt ausgegeben. Bis zur ersten Einstellungsrunde hatten sie alle Positionen selbst ausgefüllt – Kundendienst, Marketing, Vertrieb –, und so konnten sie ihre eigenen Systeme entwickeln und waren anpassungsfähig und kreativ, vor allem bei Finanzthemen.

Sie hatten auch die Anbieter sehr sorgfältig ausgewählt, die Simply Eloped repräsentierten. »In der Hochzeitsbranche wird viel diskriminiert, daher haben wir von Anfang an Beziehungen zu Trauberechtigten, Floristen, Konditoren und anderen aufgebaut, die unsere Werte teilen und mit allen möglichen Paarkombinationen einverstanden sind. Ich habe jahrelang Gespräche mit Kunden geführt«, sagte

Janessa, »und wusste, dass wir eine bezahlbare, inklusive Dienstleistung anboten, die die Leute nirgendwo sonst fanden«.

Welche externen Beziehungen sie pflegen wollten, hatten Matt und Janessa gut durchdacht, aber bei der Firmenkultur innerhalb von Simply Eloped waren sie nicht so bewusst vorgegangen. Im Jahr 2019 beschafften sie sich Kapital und stellten erste Mitarbeiter ein. »Wir haben jeden erdenklichen Fehler begangen«, sagten sie. »Wir haben nach persönlichen Vorlieben eingestellt, wir haben Freunde und Familie engagiert und jedem einen Job gegeben, der nett wirkte und Arbeit suchte.« Die Folge war eine »Kulturkrise«, wie Janessa es nannte, bei der Mobbing, Klatsch und Tratsch und Dramen alltäglich wurden.

Als ersten Schritt bei der Kurskorrektur engagierten sie einen Coach für Führungskräfte, der gemeinsam mit ihnen herausfand, was passiert war und wie man es in Ordnung bringen konnte. Matt und Janessa mussten sich fragen, welche Art von Führungskräften sie sein mussten, um ein wachsendes Team zu leiten. Sie erkannten, dass sie sich zu sehr darauf konzentriert hatten, ihre Mitarbeiter »glücklich« zu machen, und nicht ausreichend definiert hatten, was für ihre Kunden am dienlichsten wäre und die beste Arbeitsatmosphäre schaffen würde.

Sie erkannten auch, dass ihr Unternehmen nicht zu jedem passte, auch wenn sie und ihre Kunden es liebten. Diese Erkenntnis zwang sie, ihre Werte neu zu überdenken, die sie nun anhand des Akronyms CACAO definierten, was für »customer-centric, ambitious, compassionate, adaptable, and ownership« (etwa: »kundenzentiert, ehrgeizig, mitfühlend, anpassungsfähig und Verantwortung«) steht. Zusätzlich übersetzten sie diese Werte in eine Liste von Eigenschaften, um die Art von Person zu beschreiben, die bei Simply Eloped aufblühen würde, und inzwischen beziehen sie sich bei Stellenanzeigen auf diese Liste.

Außerdem nutzt das Team die Firmenwerte von Simply Eloped explizit, um Erfolge herauszustellen und Feedback zu geben. Bei ihren wöchentlichen Mitteilungen erzählt Janessa von den kleinen Siegen der Mitarbeiter und lässt dabei die Firmenwerte einfließen. Auf der anderen Seite kann sie anhand dieser Werte Mitarbeitern, die keine guten Leistungen erbringen, aufzeigen, wie und warum sie sich verbessern sollten. Inzwischen sind Werte bei Simply Eloped so wichtig geworden, dass Matt und Janessa sogar einen Song über sie geschrieben haben, der allen Angestellten beigebracht wird.

Auch wenn du selbst keinen Song über deine Unternehmenswerte schreiben willst oder musst (bei Gumroad werden wir das definitiv niemals tun), ist es doch bemerkenswert, wie klar Janessa und Matt ihre Firmenwerte ausdrücken und definieren, für sich selbst und für alle, die dort arbeiten. Sie haben etwas gefunden, das für sie funktioniert, und dank ihrer klaren Werte können sie in dem Wissen wachsen, wohin ihr Weg führt und wen sie dorthin mitnehmen wollen.

Lass die Welt wissen, wer du bist

Die Firmenkultur aufzubauen, macht unter dem Strich mehr Arbeit, als ein Produkt zu entwickeln. Aber es ist auch wertvoller. Und danach hast du ein Unternehmen, das deine Ziele erreicht und auch die Ziele vieler anderer Menschen.

Menschen wechseln nicht oft ihre Arbeitsstelle, und oft verkünden sie es der Welt nicht, wenn sie es erwägen. In Kapitel 5 betonten wir immer wieder, dass es beim Marketing darum geht, potenzielle Kunden daran zu erinnern, dass es dich gibt. Entsprechend sollte man potenzielle neue Mitarbeiter immer wieder daran erinnern, dass und warum man existiert, wenn man gute Leute finden will.

Und wie wir in Kapitel 4 erfahren haben, geht es beim Vertrieb nicht nur ums Verkaufen – sondern um Information. Neue Mitarbeiter einzustellen gehört zu den schwierigsten Aufgaben in einem Start-up, weil es dabei um Produktentwicklung, Vertrieb und Marketing geht – alles gleichzeitig!

Sobald du kulturelle Werte definiert hast, die für dich passen, solltest du sie öffentlich machen. Viele befürchten, dass es Menschen davon abschrecken könnte, sich näher mit dem Unternehmen zu beschäftigen, wenn sie ihre Werte öffentlich machen. Das stimmt genau.

Wenn man seine kulturellen Werte klar definiert, werden die meisten Leute sagen: »Das ist nichts für mich.« Aber ein paar ausgewählte Wenige werden sagen: »DAS IST GENAU MEIN JOB!«

Großartige Leute werden sich nur bewerben, wenn sie ein Angebot für eine Stelle finden, die genau ihren Erwartungen an ein ideales Arbeitsleben entspricht (oder sie übertrifft). Erinnere dich an jede schmerzhafte oder stressige Jobsuche, die du je durchgemacht hast, und wie oft du am Ende eines langen Bewerbungsprozesses bei einem Unternehmen feststellen musstest, dass die Firma gar nicht zu dir passt.

Wenn du deine Werte kommunizierst, spart das allen Beteiligten Zeit und Energie. Du willst nur die Kandidaten zum Vorstellungsgespräch einladen, die glauben, dass sie zu deinem Unternehmen passen, nicht die Leute, die einfach nach dem nächsten Job oder einer Gehaltserhöhung suchen. Letztendlich sind die besten Bewerber diejenigen, die dich ersetzen wollen.

Andere einstellen ist fast wie dich selbst entlassen

Du solltest von Anfang an nach Mitarbeitern suchen, die besser sind als du selbst. Ihre Aufgabe besteht nicht darin, deine Vision umzusetzen, sondern sie, basierend auf ihren eigenen Interaktionen mit den Kunden, zu verbessern.

Manche von ihnen sind vielleicht ehemalige Kunden. Bei Gumroad suchen wir gezielt zuerst in unserer Community.

Viele Gründer können nicht gut delegieren, aber das beginnt mit Selbsterkenntnis. Frage dich selbst:

- Was mache ich am liebsten?
- Worin bin ich gut und worin nicht so gut?
- Welche Aufgaben würde ich gerne anderen übergeben?
- Wie verbringe ich den Großteil meiner Zeit, und ist das richtig so?

Sobald du weißt, für welchen Job du jemanden suchst, kannst du dir überlegen, wer dazu passen könnte. Aber oft wirst du es nicht wissen. Auch deswegen ist es so wichtig, dass du gut darin wirst, in den Äther hinauszurufen und die Leute auf dich zukommen zu lassen.

Deine Stellenanzeigen sollten Filter sein, keine Magneten. Die meisten Leute werden nicht bei deinem Unternehmen arbeiten wollen, und deine Stellenanzeigen sollten ihnen klar machen, dass sie woanders suchen sollten. Mit denen, die durchkommen, solltest du ernsthafte Gespräche führen.

Wenn du das gut machst, wird der Einstellungsprozess sehr viel einfacher und schneller. Und weil du minimalistisch an den Aufbau deines Unternehmens herangegangen bist, verfügst du bereits über Gemeinschaften, Kunden und eine Marketingmaschinerie, mit denen du sie bestens erreichen kannst.

Ein einzelner Tweet von meinem persönlichen Twitterkonto führte zum Beispiel zu Hunderten Bewerbungen:

Sahil @shl · Aug 6, 2020

We're looking for engineers who want to work on @gumroad!

- Web (Ruby + JS) or iOS (Swift)
- 20+ hours a week
- $125-$200/hr
- Work from anywhere, no scheduled meetings, no deadlines
- Everything you work on will eventually be OSS!

75 361 1.2K

Wir suchen Softwareentwickler, die für @gumroad arbeiten wollen!

- Web (Ruby + JS) oder iOS (Swift)
- 20+ Std. pro Woche
- 125 – 200 $/Std.
- Arbeit von überall, keine geplanten Meetings, keine Deadlines
- Alle Arbeiten werden OSS!

Das klappt nicht nur bei mir. Ein einzelner Tweet von Adam Wathan wegen eines Jobs bei Tailwind UI führte zu 875 Bewerbungen. Sein Tweet war, ähnlich wie meiner, klar und selbstsicher:

Adam Wathan
@adamwathan

If you're interested in building UI tools with me full-time, we're looking for a developer to join the Tailwind CSS team.

$115k–$135k/year, 4 weeks vacation, and 40 hours a week of hacking on fun, interesting problems.

1:32 PM · May 24, 2020 · Twitter for iPhone

598 Retweets **56** Quote Tweets **1,833** Likes

Falls du Interesse hast, mit mir zusammen UI-Tools zu entwickeln: Wir suchen einen Softwareentwickler für das Tailwind-CSS-Team.

115k–135k $/Jahr, 4 Wochen Urlaub und 40 Stunden die Woche Hackerspaß an interessanten Problemen.[89]

Denke an deine Werte und integriere sie in deine Stellenanzeigen und alles andere, das du schreibst. Im Fall von Gumroad bedeutet das, dass wir offen sagen, wieviel wir bezahlen, was wir von unseren Mitarbeitern erwarten und was wir nicht anbieten. Du wirst andere Werte haben als wir, daher werden auch deine Stellenanzeigen anders sein.

Es muss von beiden Seiten passen

Leider wird nicht jeder, der in dein Unternehmen kommt, dort langfristig bleiben, manche nicht einmal kurzfristig. Es muss von beiden Seiten passen; wenn es für dich mit jemandem nicht gut läuft, dann läuft es auch für ihn oder sie nicht gut mit dir. Und wenn jemand nicht gut in dein Unternehmen passt, schadet er damit seinen langfristigen Aussichten ebenso wie deinen.

Wenn du nicht sicher bist, zieh deine Werte zu Rate. Passt diese Person zu uns? Würde diese Person außerhalb deines Unternehmens mehr Wert erschaffen als darin? Würdest du sie wieder einstellen, wenn du vorher gewusst hättest, was du heute weißt?

Ehrlich gesagt, wenn du Zweifel hast, dann kennst du die Antwort wahrscheinlich schon, und es ist dir einfach unangenehm, die harte Entscheidung zu treffen, sie zu entlassen.

Ich weiß genau, wie schwierig es ist, jemanden zu feuern, glaub mir. Aber es ist eine wichtige Fähigkeit, wenn du ein Haus errichten willst, in dem du leben willst. Meinen Leuten verspreche ich, dass sie mit keinerlei Überraschungen rechnen müssen. Selbst wenn es nicht passt, mache ich deutlich – und wegen unserer asynchronen Firmenkultur in schriftlicher Form –, warum genau ich befürchte, dass es nicht passen könnte, und beziehe jeden Punkt auf unsere Werte. Das mache ich mindestens zweimal im Verlauf mehrerer Wochen, weil ich will, dass die fragliche Person die Zeit und die Eindeutigkeit hat, um die Veränderungen vorzunehmen, die ich von ihr brauche.

Aber letztendlich ist es ihre Entscheidung, und oft ist es am besten, wenn man ein ehrliches Gespräch führt und diesem Mitarbeiter sagt, dass es nicht funktioniert, und die Sache abzuwickeln. Fast jedes Mal sind diese Mitarbeiter dankbar, dass ich das Thema aufgebracht habe und nicht sie selbst es tun mussten. Wenn du gute Leute eingestellt hast, dann finden sie auch in Nullkommanichts einen neuen Job. Und du solltest ihnen dabei helfen, Kontakte herstellen und gute Zeugnisse ausstellen – du hast sie immerhin eingestellt. Sie waren keine schlechten Mitarbeiter, sie haben einfach nicht zu dir gepasst.

Dein Unternehmen ist ein Wirtschaftsbetrieb, kein Kult. Begrüße Veränderungen, schrecke nicht davor zurück.

Apropos Veränderungen … An diesem Punkt wirst du ein Produkt haben, für das Kunden gerne bezahlen, und ein Unternehmen, für das Menschen gerne arbeiten. Was kommt als nächstes?

Wenn es dir Spaß macht, dann kannst du einfach so weitermachen. Oder du kannst etwas völlig Neues anfangen. Darum geht es im folgenden Kapitel. Wir sprechen darüber, wie du deine Wirkung erweitern und vertiefen kannst, aber auch darüber, wie du deine Lebensqualität verbessern kannst. In gewisser Hinsicht geht es darum in diesem ganzen Buch: Finde Menschen, die dir wichtig sind – dich selbst eingeschlossen –, und hilf ihnen so, dass du dein Leben mit dem Leben anderer in Einklang bringst. Los geht's!

DAS WICHTIGSTE IN KÜRZE

- Du hast bereits ein Produkt für Kunden entwickelt, jetzt arbeitest du an einem weiteren: Dein Produkt ist dein Unternehmen, und deine Mitarbeiter sind deine Kunden.
- Ein Unternehmen voller Menschen aufzubauen ist lohnender, als Software zu entwickeln, aber es ist auch sehr viel schwieriger.
- Bringe deine Werte früh und häufig zum Ausdruck, weil du sie brauchen wirst, um nicht vom Kurs abzukommen, während dein Unternehmen wächst. (Es wird trotzdem passieren.)
- Es muss von beiden Seiten passen: Wenn es für dich nicht funktioniert, dann wahrscheinlich auch nicht für deine Mitarbeiter. Führe die schwierigen Gespräche möglichst früh, denn sie werden nur noch schwieriger, wenn du sie aufschiebst.

Lesetipps

- Lies *Reinventing Organizations* von Frédéric Laloux und gewinne einen bewusstseinsverändernden Einblick, wie sich die Struktur von Unternehmen und anderen Organisationen mit der Zeit verändert haben.
- Folge Janessa White, Co-CEO und Mitgründerin von Simply Eloped bei Twitter (@janessanwhite), um zu erfahren, wie sie ihr Unternehmen aufgebaut hat.
- Lies *Das Peter-Prinzip* von Laurence J. Peter und Raymond Hull.

8

WIE GEHT ES JETZT WEITER?

Wir werden geboren, um über ein chaotisches
Feld zu wandern. Trotzdem verirren wir uns nicht
heillos, weil jeder Wanderer vor uns schon eine Spur
hinterlassen hat, der wir folgen können.[90]

– ROBERT MOOR

Dies ist das letzte Kapitel, aber es hat die höchste Bedeutung.

Auch nach der Lektüre dieses Buches fragst du dich vielleicht noch, ob dies ein guter Zeitpunkt ist, um ein Unternehmen zu gründen. In der Welt liegt vieles im Argen, und die Zukunft ist ungewiss. Wenn du findest, dass eine Unternehmensgründung riskant ist, dann hast du recht: Sie ist es und wird es immer sein. Aber ich glaube, es ist eine der besten Möglichkeiten, um etwas zu verändern.

Es macht nichts, wenn dein Unternehmen nicht von Tag eins an »die Welt verändert« oder Hunderte von Menschen beschäftigt. Solange du die Welt auf ehrliche, skalierbare Weise verbesserst, indem du ein Produkt, das sein Geld wert ist, an eine Gemeinschaft verkaufst, die es haben will, lohnt es sich, ein Unternehmen zu gründen.

Ich bin nicht der Meinung, dass man die Welt nur heilen kann, wenn man »eine Kerbe im Universum« hinterlässt, wie es Steve Jobs bekanntermaßen in den Mund gelegt wird; man erreicht es auch, indem man wiederholt kleine Entscheidungen trifft, die im Zusammenspiel unsere Gemeinschaften verbessern. Du kannst nicht alles verbessern, aber du solltest ein paar wenige Dinge verändern, für den Anfang.

Wenn du profitabel arbeitest und nachhaltig wächst, weil deine Kunden Mundpropaganda für dich machen, darfst du zur Belohnung entscheiden, was der nächste positive Einfluss deines Unternehmens sein wird. Als Gumroad diesen Punkt erreichte, fiel es mir leichter, mich auf ein sinnvolleres Leben zu fokussieren. Aber einfach war es immer noch nicht. Ich kämpfte mit einer neuen Definition von Erfolg, die durch ein größeres Gefühl der Sinnhaftigkeit und des Lebenszwecks geprägt war.

»Ein Gesunder wünscht sich tausend Dinge, ein Kranker nur eines«, soll Konfuzius gesagt haben.[91] Zum Kontext dieses Buches passend könnte man sagen, dass ein minimalistischer Unternehmer ohne ein erfolgreiches, nachhaltiges Geschäft sich nur eines wünscht (eben das!), während einem, der das erreicht hat, die Welt zu Füßen liegt. Søren Kierkegaard schrieb 1844, Angst sei »der Schwindel der Freiheit«.[92] Das geschieht, wenn man in die Unendlichkeit der eigenen Wahlmöglichkeiten blickt.

Das gehört alles dazu, wenn man das Risiko eingeht, die harte Arbeit macht und die Zeit investiert, um ein Unternehmen zu gründen und zu skalieren – ob einem das nun gefällt oder nicht. Nachdem du nun dein ursprüngliches Ziel erreicht hast, stellt sich die Frage: Wohin gehst du als Nächstes? In diesem letzten Kapitel werden wir nach Antworten auf diese Frage suchen.

Du hast Geld verdient, jetzt nimm dir Zeit

Nachdem Gumroad profitabel geworden war, holte ich mir zuerst einen erheblichen Teil meiner Zeit zurück.

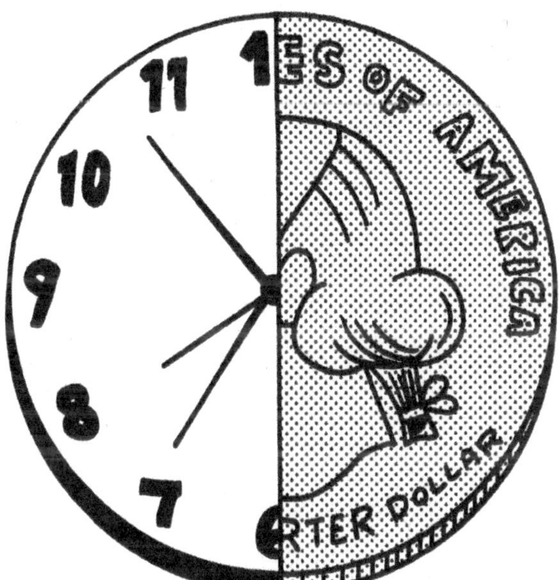

Ich hatte vier Jahre lang das Leben eines Gründers geführt, hatte jede wache Stunde gearbeitet, meine Beziehungen zu Freunden und Familie vernachlässigt und generell alles der Arbeit untergeordnet. Jetzt lag das alles hinter mir, und ich konnte einen neuen Kurs einschlagen. Ich stellte fest, dass ich endlich wieder Zeit hatte, nachdem ich keine Investoren mehr bei Laune halten oder versuchen musste, das Unternehmen schneller wachsen zu lassen, als es sollte. Ich würde zwar kein Dollar-Milliardär mehr werden, aber mir wurde klar, dass ich ein »Zeit-Milliardär« war. Laut der Definition von Graham Duncan ist das ein Mensch, der noch mindestens eine Milliarde Sekunden – etwa 31 Jahre – Lebenszeit zu erwarten hat.[93]

Ich hatte keine Milliarde Dollar, aber ich hatte zum ersten Mal seit langer Zeit wieder den Luxus (oder die Qual, je nach Blickwinkel) von Tagen ohne Verpflichtungen. Ich mietete eine kleine Wohnung in Provo, trank weder Kaffee noch Bier und traf mich mit Menschen, die meine kreativen Interessen teilten. Die Arbeit hatte jahrelang den Kern meiner Identität gebildet, im Rest meines Lebens sollte es jetzt um etwas anderes gehen.

Zunächst einmal wollte ich meine Zeit nutzen, um mir mehr Zeit zu verschaffen. Das erreichte ich, indem ich mehr Dinge, die mit Gumroad zu tun hatten und mir keinen Spaß machten, automatisierte, auslagerte oder ganz einfach ignorierte (siehe Kapitel 3 und 6). Dadurch hatte ich viel Zeit, um zu tun, wozu ich Lust hatte, wann immer ich Lust dazu hatte. Ist das für alle und in jeder Branche möglich? Ich bin nicht sicher. Aber ich glaube, dass du überrascht wärst, was du alles nicht tun musst, wenn du dich aus Situationen und Verpflichtungen herausziehst, die dein früheres Selbst für unbedingt notwendig gehalten hätte.

Dann ging ich an den Beginn meiner Reise zurück: Ich wurde wieder kreativ. Zunächst schrieb ich Fantasy-Geschichten als Teil eines Workshops Kreatives Schreiben, den Brandon Sanderson in Provo anbot, einer meiner Lieblingsautoren. Danach blieb ich in Utah und lernte zu malen. Es kommt wahrscheinlich nicht überraschend, da ich ja ein Unternehmen leite, das sich an Kreateure richtet und sie auch beschäftigt, aber: Ich erschaffe gerne Dinge.

Etwas aus dem Nichts zu erschaffen ist befriedigend und macht Spaß, vor allem dann, wenn man nicht davon leben muss, und dass ich ein minimalistisches Unternehmen leitete, erlaubte mir rasche Fortschritte. Zeitweise verbrachte ich 20 Stunden pro Woche mit Schreiben und Malen. (Und ich habe nicht damit aufgehört!)

Aber Dinge herzustellen, erfüllt mich genauso wenig, wie es die Jagd nach Einhörnern tat. Ich wollte immer noch auf die Welt einwirken, und ich hatte immer noch ein Unternehmen, das mir dabei half. Gumroad musste kein Milliarden-Dollar-Unternehmen sein, damit ich meine Ziele mit maximaler Flexibilität und minimalem Ballast erreichte. Und ich versichere dir, dass auch dein Unternehmen nicht riesig sein muss, damit du alles erreichst, was du dir erhoffst.

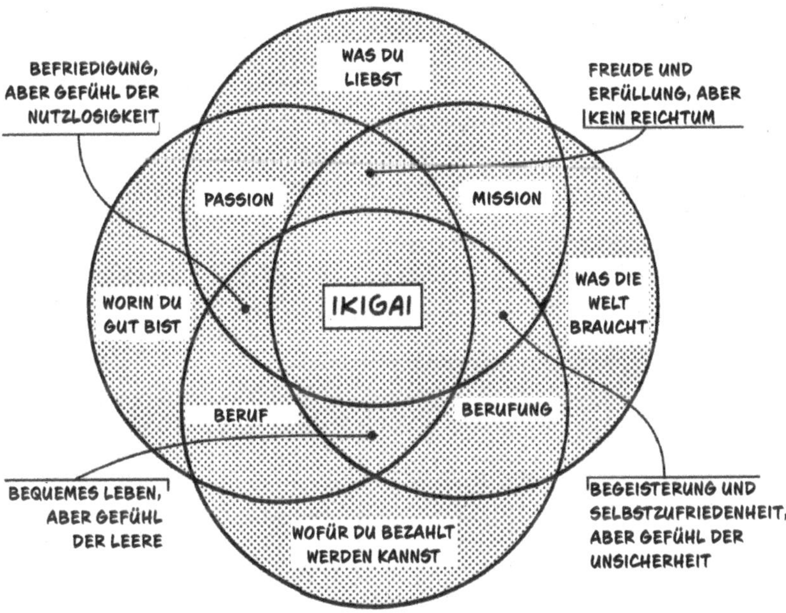

Ich glaube, unser Ziel sollte sein, all unsere Leidenschaften, unsere Missionen, unsere Professionen und unsere Berufungen zusammenzubringen. Die Japaner nennen das »ikigai«. Dabei bringt man das, was man liebt, damit in Einklang, was die Welt braucht, wofür man bezahlt werden kann und worin man gut ist:

Wenn du dich im ikigai-Zustand befindest, verspürst du innere Ruhe und kannst gleichzeitig daran arbeiten, die Welt zu verbessern. Du kannst in der Gegenwart leben, während du für eine bessere Zukunft arbeitest.

Ich glaube fest daran, dass die Menschheit noch in den Anfängen ihrer Entwicklung steckt, und bedachtsam Unternehmen zu gründen, ist eine wichtige Möglichkeit, um unseren Forstschritt zu sichern. Ich habe in diesem Buch das Unternehmertum vor allem auch deswegen mit dem Wort »minimalistisch« beschrieben, weil ich glaube, dass ein Unternehmen nicht die Antwort auf jede Frage sein muss. Wenn du ein minimalistischer Unternehmer wirst, kann das zu einem großartigen Ergebnis für dich führen, während du gleichzeitig Chancen für dein Team und deine Gemeinschaft eröffnest, aber es wird wahrscheinlich nicht jedes Problem lösen, auf das du triffst, weder für dich noch für die Welt.

Das Ziel besteht darin, dich selbst zu befreien, dafür zu sorgen, dass das Unternehmen dich so wenig braucht, wie du es willst, damit du in der Welt so aktiv werden kannst, wie du es für das Beste hältst, wie auch immer das aussehen mag. In den meisten Fällen bedeutet das, dass man auch andere befreit. Du kannst nicht alle Menschen befreien und auch nicht jedes Unternehmen aufbauen, aber du kannst zumindest ein paar Menschen beibringen, wie es funktioniert.

Erschaffe mehr Kreateure, CEOs und minimalistische Unternehmer

Nach zwei Jahren in Provo hatte ich eine neue Perspektive bezüglich Gumroad und meiner Mission gewonnen. Ich überdachte meine Zukunftspläne neu und erkannte, dass ich nicht nur die Chance hatte, meinen eigenen Lebensunterhalt zu verdienen, sondern auch anderen mehr Chancen zu verschaffen, sich ein Leben aufzubauen.

Durch Gumroad hatte ich mit einer völlig neuen Bandbreite an Kreateuren zu tun: Geschäftsinhabern. Nicht jeder schöpferische Akt braucht ein Unternehmen, aber viele Kreateure, die eine gewisse Größenordnung erreichen, gründen ein Unternehmen, um ihre Arbeit zu bewältigen. Ich bin besonders stolz darauf, dass ich die geschäftliche Seite der kreativen Arbeit für Tausende andere Menschen einfacher gemacht und überall auf der Welt Eigentümer von Unternehmen erschaffen habe.

Im Jahr 2020 stieß ich zufällig auf den nächsten Schritt meiner Reise, bei der ich eine Unternehmensgründung für alle zugänglich machen wollte. Bis dahin hatte ich versuchsweise in Tech-Start-ups im Frühstadium investiert, indem ich beschränkt haftender Teilhaber bei Arlan Hamiltons Backstage Capital und kleiner Investor bei Start-ups wie Lambda School, Figma und Notion wurde. Aber nach den George-Floyd-Protesten im Jahr 2020 wollte ich mehr tun, und so twitterte ich, dass ich in schwarze Gründer investieren wollte:

Sahil
@shl

Occasionally I angel invest in tech startups, including @LambdaSchool, @figmadesign, @HelloSign. I'm also an LP in @Backstage_Cap.

My next investment will be in a Black founder. If you are one, please send me an email this week about what you're working on: sahil@hey.com

9:00 AM · Jun 1, 2020 · Twitter Web App

237 Retweets 30 Quote Tweets 1,306 Likes

Gelegentlich investiere ich in Tech-Start-ups wie @LambdaSchool, @figmadesign, @HelloSign. Ich bin auch LP bei @Backstage_Cap.

Als nächstes werde ich in einen schwarzen Gründer investieren. Falls du einer bist, maile mir diese Woche, woran du arbeitest, an: sahil@hey.com

Auf diesen Tweet hin bekam ich 200 E-Mails von schwarzen Gründern, und – besonders wichtig – ich investierte in vier Start-ups von schwarzen Unternehmern. Seit damals gab es noch mehrere weitere Empfehlungen aus meinem Netzwerk heraus.

Aber viele dieser Start-ups wollten mehr Geld, als ich hatte. Daher verfasste ich ein »Memo« und schickte es an andere Investoren in meinem Netzwerk. Einer antwortete: »Du solltest einen Fonds gründen«, und bot an, als Starthilfe Ankerinvestor zu werden. Ich bekräftigte meinen Plan, mehr CEOs und minimalistische Unternehmer zu erschaffen, und gründete letztes Jahr meinen eigenen Fonds.

Ich habe nie damit gerechnet, dass ich selbst Risikoinvestor werde, aber jetzt kann ich jene Gründer unterstützen, die ich über mein Publikum und durch den offenen und transparenten Aufbau von Gumroad kennenlerne. Heute investiere ich fast 10 Millionen Dollar pro Jahr in etwa 50 Unternehmen.

Ich weise immer noch viele Gründer ab, aber nicht notwendigerweise, weil ich nicht an das glaube, was sie tun. Ich tue es, weil die meisten Unternehmen ohne Risikokapital besser dran wären. Seit der Veröffentlichung von »Reflecting on My Failure to Build a Billion-Dollar Company« im Februar 2019 habe ich Hunderte minimalistische Unternehmer kennengelernt, die meine Vorstellung davon, was ein Unternehmen ist, erweitert haben.

Wenn du der Meinung bist, dass es eine gute Sache für dich war, minimalistischer Unternehmer zu werden, dann kannst du anderen auf diesem Weg helfen. Peter Askew twittert regelmäßig Domainnamen, die sich seiner Meinung nach großartig für ein Unternehmen eignen, damit andere in seine Fußstapfen treten können. Chris Cantino und Jaime Schmidt von Schmidt‘s Naturals haben ebenfalls einen Investmentfonds namens Color gegründet, der unterrepräsentierte Gründer unterstützt und finanziert.

Kreateur und minimalistischer Unternehmer zu werden, sollte für eine riesige Palette verschiedenster Menschen möglich sein, und alle möglichen Angestellten und Kunden sollten genau die Firma finden, die zu ihnen passt. Ich finde, diese Optionen sollte es für alle 8 Milliarden Menschen auf diesem Planeten geben. Leider sind wir noch nicht so weit.

Minimalistische Unternehmen können nicht alle Diskriminierungen beseitigen und auch nicht alle Unterschiede beim Zugang zu Bildung, Technologie und Finanzierung aufheben, aber sie weisen einer großen Bandbreite an Unternehmern den Weg, wie sie ihr eigenes Schicksal in die Hand nehmen können. Außerdem glaube ich, dass der Weg in eine gerechtere Zukunft darin besteht, dass mehr Menschen ein Produkt oder eine Dienstleistung entwickeln und verkaufen, und das nicht nur, weil Geschäftsinhaber so ihren Lebensunterhalt mit kreativer Arbeit verdienen können, sondern auch, weil wir, wenn wir die Reichweite des Unternehmertums erweitern, Menschen dienen können, deren Problem der Markt noch nicht behoben hat.

Letztendlich bleibt die Entscheidung, wie man sein Leben und sein Unternehmen führen will, jedem selbst überlassen. Mein Umzug von San Francisco nach Provo erinnerte mich daran, dass Menschen eigene Visionen davon haben, wie sie anderen dienen wollen. Es gibt keine Lösung, die für alle passt, nicht einmal annähernd, und es sollte auch keine geben. Verschiedene Menschen haben verschiedene Probleme und brauchen verschiedene Lösungen.

SAN FRANCISCO

PROVO

Den Planeten retten

Der »Weltveränderer«-Mythos lenkt, wie bereits gesagt, von den vielen großartigen geschäftlichen Chancen und Gelegenheiten ab, der Gemeinschaft zu dienen, der du bereits angehörst.

Aber du kannst dir immer noch die Schlachten aussuchen, die du kämpfen willst, vor allem, wenn es dabei um Dinge geht, die du kontrollieren kannst, etwa deinen CO_2-Fußabdruck zu verkleinern und dich für eine CO_2-neutrale Zukunft zu verpflichten. Große Organisationen, die die Systeme und Server zur Verfügung stellen, mit denen viele minimalistische Unternehmen ihre Firmen betreiben, beschleunigen diesen Prozess und machen es einfacher, sich Klimaneutralität vorzunehmen. Im Jahr 2019 versprach Shopify, pro Jahr mindestens 5 Millionen US-Dollar in den Shopify Sustainability Fund zu stecken, der nicht nur in die Kohlenstoffabscheidung investieren wird, sondern auch in erneuerbare Energien und nachhaltigere Betriebsabläufe für Händler und Käufer.[94] Bis 2030 will Google vollständig klimaneutral arbeiten.[95]

Aber wir müssen nicht alles den Großunternehmen mit ihrer Infrastruktur überlassen. Wir können mit unseren Unternehmen unabhängig von der Größe unseren eigenen Beitrag dazu leisten, den Planeten zu retten. Emily LaFave Olson, Gründerin von Rainbow Road, einer Firma, die pflanzenbasierte Eiscreme herstellt, versucht, den Planeten durch Nahrung zu heilen. Nachdem sie ihr erstes Unternehmen, den Online-Marktplatz für Feinschmecker Foodzie, verkauft und ihr zweites Unternehmen, den Kochboxen-Service Din, aufgegeben hatte, fragte sie sich: »Was nun?«

Ihre persönliche Mission war, der Erde näherzukommen, und so zog sie mit ihrer Familie nach Hawaii, während sie überlegte, wie ihr nächstes Projekt aussehen sollte. Eine Idee spukte ihr immer wieder im Kopf herum: Eiscreme.

Sie machte sich daran, Rainbow Road zu einem Unternehmen auszubauen, das köstliches Eis in einem Kreislaufsystem herstellt, das der Erde guttut. »Pono ist Hawaiianisch und bedeutet harmonisch«, sagt sie. »Und ich halte das Unternehmen und mich selbst im Gleichgewicht, indem ich immer unsere Mission im Blick behalte, wenn ich Entscheidungen treffe und unsere Geschichte erzähle.«

Ihre beiden vorherigen Firmen hatte sie mit Risikokapital finanziert, aber dieses Mal will sie es aus eigener Kraft schaffen, um die volle Kontrolle über die Entscheidungen zu behalten, sich auf Profitabilität zu konzentrieren und sich Zeit lassen zu können. »Ich sorge für Langlebigkeit, indem ich das Fundament langsamer aufbaue«, sagt sie. »Dazu frage ich mich: ›Welches ist der nächste kleinstmögliche Schritt, den ich machen kann?‹« Dieses Vorgehen erlaubte es Rainbow Road, auf eine für das Unternehmen und die Welt nachhaltige Weise zu wachsen. »Ich kann etwas wirklich Substanzielles mit winzigen Schrittchen aufbauen, daher habe ich keine Angst davor, den längeren Weg zu gehen.«

Führe Nachforschungen durch, finde heraus, was wirklich funktioniert, und mache Nägel mit Köpfen.

Loslassen

Ich habe diesen Weg noch nicht eingeschlagen, aber ich habe darüber nachgedacht. Eines Tages will ich mir vielleicht noch mehr von meiner Zeit wieder zurückholen, oder vielleicht will ich etwas für eine völlig andere Gruppe von Menschen auf völlig andere Weise tun. Ich erwarte nicht, dass irgendjemand ewig bei Gumroad arbeitet, auch ich nicht. Irgendwann werde ich loslassen, entweder freiwillig oder gezwungenermaßen – und ich hoffe natürlich, dass es das Erstere wird.

Du wirst irgendwann die gleichen Entscheidungen treffen müssen. Vielleicht trennst du dich vollständig von deinem Unternehmen. Du setzt dich an einem Strand zur Ruhe mit dem Gefühl, dass deine Arbeit getan ist. Vielleicht beschließt du, es noch einmal zu versuchen, beschaffst dir Geld und startest mit deinem nächsten Unternehmen durch. Vielleicht stellst du einen neuen CEO ein, beteiligst dich aber als Vorsitzender des Aufsichtsrats weiterhin an der Leitung deines

Unternehmens, oder du gründest eine allgemeinnützige Organisation, um das nächste Problem anzugehen, auf das du stößt.

Aber wohin genau führt dich dein Weg als Nächstes?

Ich weiß es nicht. Diese Frage wird sich immer stellen, und es wird nie die eine richtige Antwort für alle Gründer geben. Aus diesem Grund solltest du immer versuchen, ganz egoistisch das für dich richtige Unternehmen aufzubauen, während du gleichzeitig auch selbstlos einer Gemeinschaft anderer dienst. Und du solltest dabei deinem eigenen Glück hohe Priorität einräumen!

Ich weiß, das ist viel verlangt, aber du solltest dich jetzt nach dem Warum fragen.

Du hast dir eine Gemeinschaft ausgesucht. Warum gerade diese? Du hast einen Manual Valuable Process geliefert und ihn dann zu einem Minimum Viable Product verfeinert. Warum hast du entschieden, diese Probleme auf diese Weise zu lösen?

Wenn ich mich recht erinnere, dann hast du dieses Produkt an 100 Kunden verkauft, die gerne dafür bezahlt haben. An wen hast du dich zuerst gewandt und warum gerade an diese Menschen?

Du hast dein Unternehmen auf den Markt gebracht und hast dich und dein Team nebenher weiterentwickelt. Warum, warum, warum?

Und schließlich. Warum will ich das hinter mir lassen? Warum muss ich überhaupt irgendwohin gehen?

Mir hat dabei geholfen, dass ich in meiner neugewonnenen Freizeit über die Vergangenheit nachgedacht und durch Beobachtungen aus der Gegenwart herausgefunden habe, wer ich bin und was ich wirklich will. Vielleicht hilft das auch dir. Dann kannst du herausfinden, wie du bekommst, was du willst, damit du dir diese Fragen überhaupt nicht mehr stellen musst.

Dein »Zweck« mag darin bestehen, mehr Kreateure zu erschaffen oder mehr Menschen bei der Gründung eines Unternehmens zu helfen oder dich an einem Strand zur Ruhe zu setzen und den ganzen Tag zu surfen. Ich gebe nicht vor, es zu wissen.

Mit meinem Buch wollte ich dir die Werkzeuge an die Hand geben, die es dir ermöglichen, ein Unternehmen aufzubauen, das dir letztendlich die Wahlmöglichkeit und die Freiheit eröffnet, diese Fragen für dich selbst zu beantworten. Jetzt liegt es an dir. Was kommt als Nächstes?

Was auch immer du tust, schicke mir eine Nachricht und lass es mich wissen. Ich bin im Internet:

sahil@hey.com

EINE LETZTE BEMERKUNG

Fangen wir ganz vorne an. Wie sieht dein Plan aus? Du hast hoffentlich eine Geschäftsidee. Und weil du dir die richtige Gemeinschaft ausgesucht hast und eine Stütze in ihr geworden bist, hast du jetzt einen guten Angriffsplan, um dein MVP zu entwickeln (erst den Manual Valuable Process, dann ein Minimal Viable Product). Du findest deine ersten 100 Kunden und denkst erst danach über eine offizielle Markteinführung nach.

Kurz darauf – oder vielleicht bist du schon so weit – wirst du profitabel und übernimmst die Kontrolle über dein Schicksal. Du lernst, wie du profitabel bleiben kannst, und bekommst die rechtlichen, betrieblichen und finanziellen Aspekte deines Unternehmens in den Griff.

Du erschaffst eine Firmenkultur, die Menschen anzieht, die gerne mit dir und für dich arbeiten wollen. Es wird nicht leicht werden, aber dein Unternehmen wird wachsen, und du wirst mit der Zeit damit anfangen, neue Probleme zu lösen.

Vor allem aber wird deine Identität nicht untrennbar mit deinem Unternehmen verbunden sein. Du musst nichts tun, was du nicht tun willst, zumindest nicht länger als wenige Stunden pro Woche. Was sagst du dazu, Tim?

Natürlich ist die Reise auch dann noch nicht zu Ende. Sie endet nie. Sie wird nicht einfach, schnell oder unkompliziert sein. Sie wird viel Zeit brauchen und vielleicht auch mehrere Versuche, aber das ist okay, weil du ein ganzes Leben lang Zeit hast, um herauszufinden, wie es funktioniert. Es geht nicht darum, Fehler zu vermeiden, sondern irgendwann erfolgreich zu sein. Je länger es bis zum Sieg dauert, umso besser vorbereitet wirst du sein, weil du mit jedem Jahr besser wirst.

In diesem Buch ging es überwiegend um erfolgreiche Unternehmen. Aber jeder erfolgreiche Unternehmer hat viele Fehlversuche hinter sich. In den Jahren, bevor ich Gumroad gründete, habe ich mehrere Dutzend Dinge entwickelt und auf den Markt gebracht. Fast alle davon sind durchgefallen. Gumroad aber nicht. Und du musst nur ein einziges Mal richtig liegen.

Aber die Menschheit braucht Millionen, wenn wir aus diesem Schlamassel rauskommen wollen. (Wir werden immer in einem Schlamassel stecken.) Trotzdem glaube ich, dass die Zukunft des Unternehmertums die Zukunft der Menschheit ist, und daher ist es umso besser, je mehr Unternehmen gegründet werden. Und dazu ist es wichtig, dass Unternehmensgründung möglichst einfach, erreichbar und zugänglich wird.

Ich versuche nicht, dich zu überreden. Aber ich glaube, dass du es verstehen wirst, wenn du dein eigenes Unternehmen leitest. Deine Arbeit wird gebraucht. Das Unternehmen, das du gründen wirst, wird gebraucht. Derartige Unternehmen werden seit Hunderten von Jahren gebraucht, und es wird noch Tausende Jahre so sein. Daran ist nichts neu.

Wenn es dir schwerfällt, ein Problem zu finden, das du lösen kannst, dann habe Geduld. Sieh dich um und sei aufmerksam. Die Menschheit steht noch ganz am Anfang, und es ist unwahrscheinlich, dass irgendetwas, das wir heute tun, dem, was wir in Zukunft tun werden, auch nur ähnelt.

Eines Tages wirst du dein Leben und deine Arbeit in Einklang bringen. Du wirst ein Ziel finden, das alles vereint, was du tust. Du wirst für etwas bezahlt werden, das du gerne machst. Dein Unternehmen wird wachsen, solange du authentisch bleibst.

All das wird geschehen. Aber nur, wenn du das Allerwichtigste in Angriff nimmst:

Fang an!

DANKSAGUNG

Zuerst die Familie: meine Mutter, Shamina Lavingia, mein Vater, Ayaz Lavingia, und mein Bruder, Samir Lavingia, die mich erschaffen und geprägt haben. Und meine Frau, Kaede Takeshige, die mich die ganze Zeit über ertragen und ermutigt hat.

Wie alle in diesem Buch erwähnten Unternehmen ist auch *Minimalistisch gründen* das Produkt einer Gemeinschaft.

Die Idee dazu kam ursprünglich von Merry Sun, meiner Lektorin bei Penguin Random House. Sie las meinen viralen Artikel bei Medium und schlug ein Gespräch vor, falls ich grundsätzlich Interesse hätte, »den Medium-Artikel zu einem Sachbuch auszubauen«. Das war im Februar 2019.

Merry machte mich mit Lisa DiMona bekannt, die meine Literaturagentin bei Writer's House wurde. Gemeinsam ermutigten sie mich, meinen ursprünglichen favorisierten Titel *Leaving Startupland* aufzugeben, und halfen mir, mich auf das Thema dieses Buches zu konzentrieren – Unternehmen, die nachhaltige »Wertschöpfung« betreiben. Sie machten mir auch klar, dass ich das allein nicht schaffen würde.

David Moldawer half mir, meinen ursprünglichen Entwurf in etwas zu verwandeln, das eine echte Struktur hat. Ihm fiel auch ein viel besserer Titel ein: Stop Chasing Unicorns. Ich hatte bei der ganzen Sache ein gutes Gefühl und unterschrieb einen Buchvertrag mit Penguin. Das war im Dezember 2019.

Im Januar 2020 begann ich ernsthaft zu schreiben. Dann kam COVID. Gumroad wuchs wie Unkraut, und ich hatte – wie der Rest der Welt – eine Identitätskrise. Einerseits war Gumroad plötzlich (wieder) auf dem besten Weg, ein »Einhorn« zu werden, andererseits hatte ich kein Interesse daran, wieder in das Risikokapital-Hamsterrad einzusteigen. Ich wollte für mich selbst einen dritten Weg finden, und in gewisser Hinsicht hatte ich ihn bereits gefunden. Dadurch, wie ich Gumroad leitete – seit 2016 vollständig ortsunabhängig und ohne Meetings – war ich besser auf die Pandemie vorbereitet als viele meiner Kollegen.

Ich hatte auch sehr viel mehr zu tun. Im Sommer 2020 hatte ich den ersten Entwurf des Buches fertig, aber er war nicht gut genug. Der Text war zu negativ (Stop Chasing Unicorns sagt nicht, was man stattdessen tun sollte), und er war nicht mit genügend Anekdoten und echten Daten untermauert. Und offen gesagt, war die Präsentation ein Problem.

Lisa schlug mir vor, mit Julie Mosow zusammenzuarbeiten, die mir helfen sollte, das Buch »über die Ziellinie« zu bringen. Gemeinsam stellten Julie und ich den zweiten Entwurf des Buches im Dezember 2020 fertig. Wir änderten den Namen erst in The Minimalist Startup und dann in The Minimalist Entrepreneur. Fast zwei Jahre, nachdem ich das Buch geschrieben hatte, verstand ich endlich, worum es in diesem Buch von Anfang an hätte gehen sollen: um einen neuen Menschen und einen neuen Lebensstil, den Software durch »erlaubnisfreie Leverage« ermöglicht hat. Das Jahr 2020 gab der Welt einen Ausblick auf die Zukunft, und ich lebte zufällig schon in ihr. Ein weiteres Argument, warum man erst anfangen und dann lernen sollte.

Merry, Lisa, David, Julie und ich sind gemeinsam für die meisten Wörter in diesem Buch verantwortlich. Aber der Schreibprozess war damit noch nicht beendet! Im Februar 2020 unterrichtete ich einen kohortenbasierten Kurs, um die Ideen des Buches zu testen und sicherzustellen, dass sie ankamen. Jede Woche lasen die 136 »Studenten« je ein Kapitel und gaben Feedback ab. Am Ende des Monats hatten wir Hunderte von Kommentaren – darüber, was langweilig, verwirrend oder unplausibel war – die wir einarbeiten konnten.

Zu diesen Studenten – und Lehrern – gehören: Bhaumik, Timothy, Jonah, Shane, Somvir, Shahena, Jens, Nasir, Robin, Akash, Jamil, Dario, Covington, Adam, Kirill, Ganesh, James, Carlos, Karl, Asim, Surya, Binh, Josh, Rajat, Aneesh, Ditri, Karan, Yousef, Yousef-Husaini, Rahul, Dhruba, Hera, Brian, Addy, Padi, Michael, Matthew, Andrew, Preetham, Matthew, Marty, Vaughan, Shaik, Manuel, Ari, Prab, Isaac, Jon, Nick, Mukesh, Julian, Chandan, Gagan, Rachel, Sergio, Sahil, Shawn, Monte, Aman, Theola, Amin, Pradeep, Prolok, Sam, Greg, Woody, Evan, Sean, Ashray, Eli, Manan, Ozgur, Scott, Shirish, Gerben, Justin, Ciprian, Ahmed, Ashwin, Josh, Obaid, Carl, Nara, Sridhar, Andrew, Alex, Clint, Nick, Mike, Marvin, Bugi, Amar, Wes, Lia, Crystal, Michael, Mert, Tribe, Workast, Yasaman, Manish, David, Raphael, Mateo, Nate, Tobin, Mike, Hunter, Michael, Sergey, Aravind, Akhil, Yazane, Sergio, John, Riddhi, Yuhan, Simon, Daniel, Luca, Carlos, Razvan, Lorenzo, Eduardo, Murat, Devan, Ben, Marcos, Assim, Francis, Vishal, Thomas, Raul, Vladimir, Prashanth, Ralph, Pramod, Inga, Soumya, Louise, Zach, Nate, Soleil, Clark, Sagar, Charles, Albert, Connor, Gonzalo, Marissa, Clement, Nate, Minjun, Vince, Monish, Amaan, Joshua, Justin, Jenny und Audrey.

Und wir haben die Kommentare tatsächlich eingearbeitet. Wenn dir das Buch also gefallen hat, dann hast du das einer Gemeinschaft von etwa 150 Menschen zu verdanken. Und wenn dir das Buch nicht gefällt … Dann ist es meine Schuld!

Die Illustrationen stammen von Brian Box Brown.

Ich möchte mich auch bei den übrigen Mitarbeitern von Penguin bedanken, die hinter den Kulissen an dem Buch mitgearbeitet und sich dafür eingesetzt haben, unter anderem Adrian Zackheim, Tara Gilbride, Niki Papadopoulos, Jessica Regione, Gabriel Levinson, Regina Andreoni und Olivia Decker.

Und ich danke dir fürs Lesen!

ÜBER DEN AUTOR

Sahil Lavingia ist der Gründer von Gumroad, einer Online-Plattform, die es Kreativen ermöglicht, ihre Produkte direkt an die Kunden zu verkaufen. Bei der Gründung dieses Unternehmens im Jahr 2011 war er 19 Jahre alt und arbeitete zuvor als Designer bei Pinterest und Turntable.fm. Neben seiner CEO-Tätigkeit ist er Investor, Maler und Schriftsteller.

ENDNOTEN

Einleitung

1 Sahil Lavingia, Twitter-Nachricht vom 2. April 2011, 8:45 Uhr, https://twitter.com/shl/status/54072049395712000.

1 Der minimalistische Unternehmer

2 Cicero, *De finibus bonorum et malorum* (Über das höchste Gut und das größte Übel), V. Buch, 58. Kapitel.

3 Peter Askew, »I Sell Onions on the Internet«, *Deep South Ventures,* April 2019, https://deepsouthventures.com/i-sell-onions-on-the-internet/.

4 Peter Askew, »The Dude That Built DudeRanch.com«, *Deep South Ventures,* September 2019, https://deepsouthventures.com/dude-that-built-duderanch-com/.

5 Askew, »I Sell Onions on the Internet«.

6 Ebenda.

7 Ebenda.

8 Ebenda.

9 Ebenda.

10 Ebenda.

11 Marc Andreessen, »The Pmarca Guide to Startups«, *Pmarchive,* 25. Juni 2007, https://pmarchive.com/guide_to_startups_part4.html.

12 Aileen Lee, »Welcome to the Unicorn Club: Learning from Billion-Dollar Startups«, *TechCrunch,* 2. November 2013, https://techcrunch.com/2013/11/02/welcome-to-the-unicorn-club/.

13 David Baeza, »70% of Startups Fail. How Not to Become a Statistic«, *Medium,* 13. Februar 2018, https://medium.com/@davidbaeza/70-of-startups-fail-how-not-to-become-a-statistic-f4820144a973.

14 Ebenda.

2 Am Anfang steht die Gemeinschaft

15 Sol Orwell, Interview mit Eric Siu, »Leveling Up«, Podcast, 9. Juni 2019, https://www.levelingup.com/growth-everywhere-interview/sol-orwell-examine-com/.

16 Benji Hyam, »How Examine.com Founder Sol Orwell Built a 7-Figure Business off of Reddit«, *Grow and Convert,* 13. April 2018, https://growandconvert.com/marketing/examine-sol-orwell-reddit/.

17 Orwell, »Leveling Up«.

18 »Was ist Karma?«, Reddit Help, https://www.reddithelp.com/hc/de/articles/204511829-Was-ist-Karma-.

19 Hyam, »How Examine Founder Sol Orwell Built a 7-Figure Business off of Reddit«.

20 Ebenda.

21 »About Sol Orwell and Why SJO.com«, SJO.com, 9. August 2018, https://www.sjo.com/about.

22 Li Jin, »The Passion Economy and the Future of Work«, Andreessen Horowitz, 8. Oktober 2019, https://a16z.com/2019/10/08/passion-economy/.

23 Atelier Ventures, https://www.atelierventures.co/.

24 Jin, »The Passion Economy and the Future of Work«.

25 Jackie Huba und Ben McConnell, *Citizen Marketers: When People Are the Message,* Chicago: Kaplan Publishing 2007.

26 Nathan Barry, Twitter-Nachricht, 26. März 2016, 15:29 Uhr, https://twitter.com/nathanbarry/status/713734553257390080.

27 Nathan Barry, »How Teaching Everything I Know Grew My Audience«, *ConvertKit,* 5. September 2016, https://convertkit.com/teaching-everything-know-grew-audience.

28 Patrick McKenzie, »Salary Negotiation: Make More Money, Be More Valued«, Kalzumeus Software, 23. Januar 2012, https://www.kalzumeus.com/2012/01/23/salary-negotiation.

29 Patrick McKenzie, »What Working at Stripe Has Been Like«, Kalzumeus Software, 9. Oktober 2020, https://kalzumeus.com/2020/10/09/four-years-at-stripe.

30 Lucinda Shen, »Meet the Unicorn Founder That Braved War Zones and Missed Meetings to Make His Mark on the Startup World«, *Fortune,* 20. November 2020, https://fortune.com/2020/11/19/calendly-founder-tope-awotona-startup-unicorn.

31 Karen Houghton, »Tope Awotona A Founder Story«, *Atlanta Tech Village* (Blog), 26. April 2018, https://atlantatechvillage.com/buzz/2018/04/26/tope-awotona-a-founder-story.

32 Stephanie Heath, »The Founder of Calendly on Building a Unicorn Tech Company«, *Mogul Millennial,* 16. Februar 2022, https://www.mogulmillennial.com/the-founder-of-calendly-shares/.

33 Clayton M. Christensen, Taddy Hall, Karen Dillon und David S. Duncan, »Know Your Customers' ›Jobs to Be Done‹«, *Harvard Business Review,* September 2016.

34 Clayton M. Christensen, »Keynote Address«, Techpoint Innovation Summit, Indianapolis, 29. September 2009.

35 Michael Ortiz, »Interview with TheCut App CEO on Modernizing Barbershop Experience«, *Modern Treatise,* 28. März 2018, https://www.moderntreatise.com/markets/2018/3/27/an-interview-with-the-ceo-of-thecut-app.

36 Jason Fried, »Basecamp: The Origin Story«, *Medium,* 7. Oktober 2015, https://medium.com/@jasonfried/base camp-the-origin-story-f509fdd725f8.

37 Ebenda.

38 Erin DeJesus, »Introducing Nick Kokonas's Ticketing System, Tock«, *Eater,* 30. November 2014, https://www.eater.com/2014/11/30/7294795/introducing-nick-kokonass-ticketing-system-tock.

39 Christina Troitino, »Reservation Service Tock Launches To-Go Platform to Help Restaurants Impacted by Coronavirus«, *Forbes,* 17. März 2020, https://www.forbes.com/sites/christinatroitino/2020/03/17/reservation-service-tock-launches-to-go-platform-to-help-restaurants-impacted-by-coronavirus/.

3 So wenig aufbauen wie möglich

40 Geoff Ralston and Michael Seibel, »YC's Essential Startup Advice«, YC Startup Library, ohne Datum, https://www.ycombinator.com/library/4D-yc-s-essential-startup-advice.

41 Derek Sivers, *Anything You Want: 40 Lessons for a New Kind of Entrepreneur*, New York: Portfolio/Penguin 2011.

42 Naval Ravikant (navalr), »Creating a product is a process of discovery, not mere implementation. Technology is applied science. Would a scientist outsource the discovery process?«, Reddit, https://www.reddit.com/r/NavalRavikant/comments/dzio7t/ask_naval_anything/.

43 John Eremic, »Growing a SaaS App for the Film Industry with Rigorous Experimentation«, *Indie Hackers,* ohne Datum, https://www.indiehackers.com/interview/growing-a-saas-app-for-the-film-industry-with-rigorous-experimentation-8aa8348dae.

44 Ebenda.

45 Daniel Vassallo, Twitter-Nachricht, 18. Mai 2020, 7:18 Uhr, https://twitter.com/dvassallo/status/1262251147135340544.

46 Jane Porter, »From Near Failure to a $1.5 Billion Sale: The Epic Story of Lynda.com«, *Fast Company,* 27. April 2015, https://www.fastcompany.com/3045404/from-near-failure-to-a-15-billion-sale-the-epic-story-of-lyndacom.

47 Elizabeth Kyle, »Dayton Startup Profile: High Visibility Vest Makes International Impact«, *Dayton Business Journal,* 5. November 2019, https://www.bizjournals.com/dayton/news/2019/11/05/dayton-startup-profile-high-visibility-vest-makes.html.

48 Peter Fritz, »Why voice messaging beats Slack & Zoom – with Yac CEO Justin Mitchell«, *Living on Purpose,* Podcast-Folge, 13. April 2020, https://peterfritz.co/voice-messaging-beats-slack-zoom-yac-justin-mitchell.

49 Adam Wathan, Twitter-Nachricht, 14. Mai 2020, 14:38 Uhr, https://twitter.com/adamwathan/status/1260912251566985223.

50 John Gruber, »A Quantum of Utility«, *Daring Fireball* (Blog), ohne Datum, https://daringfireball.net/linked/2009/04/02/utility-paul-graham.

51 Lenny Rachitsky, »How the Biggest Consumer Apps Got Their First 1,000 Users«, *Lenny's Newsletter,* 12. Mai 2020, https://www.lennyrachitsky.com/p/how-the-biggest-consumer-apps-got.

4 Die ersten 100 Kunden

52 Dan Ariely, *Denken hilft zwar, nützt aber nichts: Warum wir immer wieder unvernünftige Entscheidungen treffen*, München: Droemer 2008, S. 97.

53 Fred Wilson, »The Freemium Business Model«, *AVC,* 23. März 2006, https://avc.com/2006/03/the_freemium_bu/.

54 »Wer kann zu meinem Projekt beitragen«, Kickstarter, https://www.kickstarter.com/learn?ref=nav.

55 »About PleaseNotes«, https://pleasenotes.com/pages/about.

56 Ande Lyons, »How to Use Creativity, Clear Vision and Confidence for Rapid Results«, Interview mit Cheryl Sutherland, *Startup Life with Ande Lyons,* Podcast Folge 5, 15. Februar 2018, https://andelyons.com/podcast/.

57 »PleaseNotes – Find Your Passion and Live It!«, Kickstarter-Kampagne, https://www.kickstarter.com/projects/pleasenotes/pleasenotes-find-your-passion-and-live-it.

58 Kerry A Dolan, Chase Peterson-Withorn und Jennifer Wang (Hg.), »America's Richest Self-Made Women 2020«, *Forbes,* 13. Oktober 2020.

59 Megan DiTrolio, »Stitch Fix's Katrina Lake Dishes Out Savvy Business Advice«, *Marie Claire,* 6. Mai 2020, https://www.marieclaire.com/career-advice/a32376163/stitch-fix-katrina-lake-business-advice/.

60 Sarah Spellings, »How I Get It Done: Stitch Fix CEO Katrina Lake«, *The Cut,* 30. Dezember 2019, https://www.thecut.com/2019/12/how-i-get-it-done-stitch-fix-ceo-katrina-lake.html.

61 »Unsere Geschichte«, Mailchimp, https://mailchimp.com/de/about/.

62 Jake Chessum, »Want Proof That Patience Pays Off? Ask the Founders of This 17-Year-Old $525 Million Email Empire«, *Inc.,* 11. Dezember 2017, https://www.inc.com/magazine/201802/mailchimp-company-of-the-year-2017.html.

63 Jaime Schmidt, *Supermaker: Crafting Business on Your Own Terms,* San Francisco: Chronicle Prism 2020, S. 24.

64 Ebenda, S. 38.

65 Ebenda.

66 Ebenda, S. 41ff.

67 Ebenda, S. 53.

68 Ebenda, S. 57.

5 Beim Marketing authentisch bleiben

69 Peter Economy, »11 Michael Hyatt Quotes to Inspire You to Happiness and Success«, *Inc.,* 11. Februar 2016, https://www.inc.com/peter-economy/11-michael-hyatt-quotes-to-inspire-you-to-happiness-and-success.html.

70 Ari Levy, »›Startup‹ Podcast Offers a Rare Fly-on-Wall View of Tech M&A After Gimlet's $200 Million Sale to Spotify«, *CNBC,* 22. Oktober 2019, https://www.cnbc.com/2019/10/22/startup-podcast-offers-inside-view-of-tech-ma-after-sale-to-spotify.html.

71 Bill Gates, »Content is King«, Website von Bill Gates, 3. Januar 1996, http://web.archive.org/web/20010126005200/http:/www.microsoft.com/billgates/columns/1996essay/essay960103.asp.

72 Sahil Lavingia, Twitter-Nachricht, 10. Februar 2021, 2:08 Uhr, https://twitter.com/shl/status/1359670684675239936.

73 Ali Mogharabi, »Digital Ad Spending Poised for Exceptional Growth«, *Morningstar,* 11. Dezember 2020, https://www.morningstar.com/articles/1014195/digital-ad-spending-poised-for-exceptional-growth.

74 https://www.facebook.com/business/help/164749007013531?id=401668390442328

6 Bedachtsames Wachstum

75 Albert Einstein, Brief an seinen Sohn Eduard vom 5. Februar 1930, zitiert in: Walter Isaacson, Einstein: *His Life and Universe*, New York: Simon & Schuster 2007, S. 367.

76 Paul Graham, »Default Alive or Default Dead?«, PaulGraham.com, Oktober 2015, http://www.paulgraham.com/aord.html.

77 Tobi Lütke, Twitter-Nachricht, 21. Mai 2020, 16:55 Uhr, https://twitter.com/tobi/status/1263483496087064579.

78 Jack Kelly, »Here Are the Companies Leading the Work-from-Home Revolution«, *Forbes,* 26. Mai 2020, https://www.forbes.com/sites/jackkelly/2020/05/24/the-work-from-home-revolution-is-quickly-gaining-momentum/.

79 Sam Altman, Twitter-Nachricht, 21. Mai 2020, 19:56 Uhr, https://twitter.com/sama/status/1263529191581954049.

80 Charlie Keegan, »Stitching Life into Hamilton«, 41 Action News, KSHB-TV, Kansas City, MO, 14. Juni 2019.

81 Megan Rose Dickey, »The Journey of a Kids Book Startup That Tackles Topics like Racism, Cancer and Divorce«, *TechCrunch,* 18. August 2020, https://techcrunch.com/2020/08/18/the-journey-of-a-kids-book-startup-that-tackles-topics-like-racism-cancer-and-divorce.

82 Steli Efti, »The Secret to Successful and Lasting Co-Founder Relationships«, *The Close Sales Blog,* 9. September 2022, https://blog.close.com/the-secret-to-successful-and-lasting-co-founder-relationships/.

83 Ellie Lisitsa, »The Four Horsemen: Criticism, Contempt, Defensiveness, & Stonewalling«, *The Gottman Relationship Blog,* 23. April 2013, https://www.gottman.com/blog/the-four-horsemen-recognizing-criticism-contempt-defensiveness-and-stonewalling/.

7 Das Haus errichten, in dem du leben willst

84 Jeff James, »Leadership Lessons from Walt Disney – How to Inspire Your Team« *Disney Institute Blog,* https://www.disneyinstitute.com/blog/leadership-lessons-from-walt-disney--how-to/.

85 Gary Keller, Jay Papasan, *The One Thing: Die überraschend einfache Wahrheit über außergewöhnlichen Erfolg,* München: Redline Verlag 2022.

86 »What we believe in«, Wildbit.com, https://wildbit.com/story/philosophy.

87 Charles Duhigg, »How Venture Capitalists Are Deforming Capitalism«, *New Yorker,* 23. November 2020, https://www.newyorker.com/magazine/2020/11/30/how-venture-capitalists-are-deforming-capitalism.

88 Peter J. Laurence, Raymond Hull, *Das Peter-Prinzip oder Die Hierarchie der Unfähigen,* Reinbek: Rowohlt 1970, S. 19.

89 Adam Watham, Twitter-Nachricht, 24. Mai 2020, 21:32 Uhr, https://twitter.com/adamwathan/status/1264640396640096264.

8 Wie geht es jetzt weiter?

90 Robert Moor, *Wo wir gehen: Unsere Wege durch die Welt,* Berlin: Insel Verlag 2020, S. 402.

91 »Confucius«, http://web-profile.net/articles/quotes/confucius.

92 Søren Kierkegaard, The Concept of Anxiety: *A Simple Psychologically Oriented Deliberation in View of the Dogmatic Problem of Hereditary Sin,* New York: Liveright Publishing Corporation 2015 [Erstveröffentlichung 1844].

93 Tim Ferriss, Interview mit Graham Duncan, *The Tim Ferriss Show,* 1. März 2019, https://tim.blog/2019/03/01/the-tim-ferriss-show-transcripts-graham-duncan-362/.

94 »Wir müssen über CO_2 sprechen«, Brief von Shopify-CEO Tobi Lütke, 12. September 2019, https://www.shopify.com/de/blog/wir-muessen-ueber-co2-sprechen.

95 »24/7 by 2030: Realizing a Carbon-Free Future«, Google White paper, September 2020, available at www.gstatic.com/gumdrop/sustainability/247-carbon-free-energy.pdf.